Anolis carolinensis

Anolis carolinensis

Die Rotkehlanolis Echsen

Sae Lee

3. Auflage 2009

Herstellung und Verlag:
Books on Demand GmbH, Norderstedt
ISBN 978-3-8370-8529-7

Inhaltsverzeichnis:
- Vorwort vom Autor...3
- Beschreibung 4
- Abstammung..4
- Aussehen..7
- Besondere Merkmale ♂...14
- Besondere Merkmale ♀...14
- Verbreitungsgebiet...15
- Verwandte Arten..18
- Verhalten..22
- Quarantänehaltung..24
- Haltung..26
- Terrarium und Einrichtung......................................29
- Beleuchtung..31
- Luftfeuchtigkeit...43
- Temperaturen 44
- Ernährung..44
- Körpergewicht..46
- Eiablage und Trächtigkeit......................................47
- Inkubation der Eier..48
- Aufzucht der Jungtiere 52
- Hygiene..52
- Krankheiten..53
- Weitere Informationen..60

(Bild Anolis carolinensis Paar)

Anolis carolinensis

Alle Informationen sind freibleibend und unverbindlich in diesem Buch.

Der Autor behält es sich ausdrücklich vor, nach bestem wissen und gewissen alles erstellt und sorgfältig geprüft zu haben.
Namen, die zugleich eingetragene Warenzeichen sind, wurden als solches nicht besonders kenntlich gemacht.
Es kann also aus der Bezeichnung der Ware mit dem für diese eingetragenen Warenzeichen nicht geschlossen werden, dass die Bezeichnung ein freier Waren Name ist.

Alle in diesem Buch enthaltenen Empfehlungen, Daten und Dosierungsangaben wurden vom Autor mit großer Sorgfalt zusammengestellt.
Der Autor und der Books on Demand-Verlag übernehmen keinerlei Haftung für die Richtigkeit der Angaben sowie für Konsequenzen, die sich aus der Befolgung von Empfehlungen und Anleitungen ergeben.

Das gesamte Werk einschließlich aller seiner Teile ist urheberrechtlich geschützt.
Kein Teil des Werkes Darf in irgendeiner Form (Druck, Fotokopie, Mikrofilm oder andere Verfahren) ohne schriftliche Genehmigung des Autors reproduziert oder unter Verwendung elektronischer Systeme verarbeitet, vervielfältigt, übersetzt oder verbreitet werden.

Das Copyright für veröffentlichte, vom Autor selbst erstellte Objekte bleibt allein beim Autor der Seiten.
(Bild Anolis carolinensis Männchen)

Anolis carolinensis

Vorwort

Die Pflege und Nachzucht der Rotkehlanolis Echsen,
Anolis carolinensis, ist einfach wunderbar.
Dieses Buch will eine solide Anleitung sein zur erfolgreichen
Pflege und Vermehrung.

Somit haben die interessierten Terrarianer unter Euch die
Möglichkeit, sich die kleinen Echsen in Ihr Zuhause zu holen.
Mein Ziel ist es, Sie mit praxisnahen Informationen und Tricks
zu versorgen, damit sich Ihre Tiere auch erfolgreich weiter
vermehren werden.
Damit wir in Zukunft fast keine Wildfänge mehr brauchen!

Anolis carolinensis, auch Rotkehlanolis Echsen genannt,
haben Ihre erste Besonderheit schon in Ihren schönen Farben
mit auf den Weg bekommen, die kontrastierende Kehlfahne, die sie
durch Abspreizen ihres Zungenbeins aufstellen können.
Leuchtet richtig auf bei diesem Akt.

Diese Kehlfahne haben Sie sich beim genauen Betrachten der
kleinen Wunder der Natur auf jeden Fall verdient.
Wenn man diese kleinen Echsen mal live beobachten kann, ist
man wie durch ein Wunder verzaubert.

Anolis carolinensis lässt uns Pflegern das Herz auf jeden Fall
höher schlagen.
Die Rotkehlanolis hat so in letzter Zeit immer mehr Bewunderer
in der Terraristik gefunden und begeistert.

Damit es noch mehr Halter der Spezies werden können, bringe ich
Ihnen diese Echsen in diesem Buch ein wenig näher.
Die Anolis carolinensis lassen sich gut im Terrarium halten und
sind auch für Einsteiger in der Terraristik gut geeignet.
Wie das geschieht, wird in diesem Buch, Punkt für Punkt, in
verschiedenen Schritten nach bestem Wissen und Gewissen
beschrieben und erklärt.

Dabei gibt es sicher auch Punkte, wo generell über unsere
Reptilien geschrieben wird.
Vielleicht bekommt der eine oder andere Leser von Ihnen auch
eine Begeisterung für die Rotkehlanolis.

Ich bin stolz auf meine Nachzuchten und sehe mit Begeisterung,
wie die Anolis carolinensis auch andere Terrarianer begeistern,
jeden Tag aufs Neue.
Die vielen verschiedenen Artenvielfalten der Echsen generell
stehen ganz oben auf der Liste in der Terraristik Haltung.
Sie sind sogar weltweit die am häufigsten gehaltenen
Terrarientiere.

Anolis carolinensis

Wissenschaftliche Beschreibung der Anolis carolinensis:

Wissenschaftlicher Name: Anolis carolinensis.
Deutscher Name: Rotkehlanolis.
Verbreitungsgebiet: Südosten und Süden der USA, Mexiko, Mittelamerika bis Südamerika. Dazu leben viele Anolisarten auch in der Karibik.
Größe Weibchen: **KRL** 7 cm und 18 cm **GL** (Gesamtlänge, von der Schnauzenspitze bis zur Schwanzspitze) groß.
Grösse Männchen: **KRL** 8 cm, **GL** 22 cm.
Lebenserwartung: über 7 Jahre.

Abstammung unserer kleinen Anolis carolinensis.

Systematik:

Klasse:	Reptilien (Reptilia)
Ordnung:	Schuppenkriechtiere (Squamata)
Unterordnung:	Leguanartige (Iguania)
Familie:	Polychrotidae
Gattung:	Anolis

Wissenschaftlicher Name:
Anolis
Daudin, 1802

(Bild Anolis carolinensis)

Anolis carolinensis

All die verschiedenen Schuppenkriechtiere bevölkern seit etwa 50 Millionen Jahren die Erde und haben sich im Laufe ihrer Entwicklung weltweit ausgebreitet.

Dank ihrer hervorragenden Anpassungsfähigkeit, haben sich die Echsen die unterschiedlichsten Lebensräume erobert, und sind sowohl in den gemäßigten Zonen, wie als auch in den Wüsten und den Tropen der Erde heute anzutreffen.

Echsen ist die biologisch nicht eindeutige Bezeichnung für ein zu den Reptilien gehörendes Taxon.
Die gängigsten Definitionen stellen die Echsen entweder als Unterordnung zu den Schuppenkriechtieren oder ordnen ihnen alle Reptilien mit Ausnahme der Schildkröten zu.
Der erstgenannten Gruppe wird der wissenschaftliche Name Lacertilia zugewiesen, der zweitgenannten der Name Sauria.
Echsen (**Lacertilia**, veraltet auch **Sauria**) sind in der klassischen Systematik eine Unterordnung der Schuppenkriechtiere. Eine weitere Unterordnung der Schuppenkriechtiere ist die der Schlangen.
Im Gegensatz zu diesen haben die meisten Echsen voll entwickelte Gliedmaßen. Eine bekannte Ausnahme bilden die Schleichen.
Die Echsen unterscheiden sich von den Schlangen durch eine Reihe von Merkmalen. Letztere haben nur eine Reihe von ventralen (bauchseitig gelegenen) Schuppen, während die Echsen mehrere Schuppenreihen aufweisen.

Man unterscheidet fünf Untertaxa:
- Leguanartige   (Iguania)
- Geckoartige   (Gekkota)
- Skinkartige   (Scincomorpha)
- Schleichenartige (Diploglossa)
- Waranartige   (Platynota)

Bei den Echsen handelt es sich um eine paraphyletische Gruppe; die Gegenüberstellung von Schlangen und Echsen ist nicht haltbar, da Schlangen aus waranartigen Echsen hervorgingen und somit selbst eine Untergruppe der Echsen sein müssten.
Echsen sind in der phylogenetischen Systematik ein monophyletisches Taxon, das alle heutigen Reptilien mit Ausnahme der Schildkröten, Krokodile und der beiden Brückenechsen-Arten umfasst.
Alle Sauria stammen von einem gemeinsamen Vorfahren ab.
Hierher zählen die großen Gruppen der Lepidosauria (Schuppenkriechtiere und Brückenechsen) sowie der Archosauria (Krokodile, Dinosaurier mit den Vögeln, und Flugsaurier).
In einem weiteren, nicht-systematischen Sinne werden alle großen, in der Erdgeschichte ausgestorbenen Amphibien, z.B. die

Anolis carolinensis

Stegocephalen (Stegocephalia bzw. Labyrinthodontia), und Reptilien als Saurier bezeichnet.

Die Wissenschaft hat sich zur Aufgabe gemacht, die Vielfalt und Verwandtschaften zu erforschen.
Diese Arbeit nennt man Systematik.
Und der Bereich innerhalb der Systematik, der sich mit dem Einordnen und Klassifizieren der Organismen beschäftigt, stellt ein Untergebiet der Taxonomie dar.
Das grundlegende Taxon ist die Art.

Jedes Tier bekommt nach den "Internationalen Regeln für die Zoologische Nomenklatur" einen unverwechselbaren lateinischen Namen.
Dieser Name setzt sich aus zwei Wörtern zusammen.
Dabei wird das erste Wort immer „groß" geschrieben und es handelt sich um den Gattungsnamen.
Das zweite Wort wird „klein" geschrieben und es handelt sich hierbei um den Artnamen.
Ein drittes klein geschriebenes Wort deutet auf eine Unterart hin.
Danach folgen, durch ein Komma von einander getrennt, der Name des Autors, der das Tier zuerst beschrieben hat, und das Jahr der Veröffentlichung.
Beides wird in eine Klammer gesetzt, wenn sich der Gattungsname geändert haben sollte.
Dieses ist immer dann der Fall, wenn jemand zu einem anderen wissenschaftlich anerkannten Ergebnis gekommen ist als der erste Autor. (Bild Anolis carolinensis)

Anolis carolinensis

Aussehen der Anolis carolinensis:

Die Anolis carolinensis ist eine sehr schöne und interessante Echse, die sich innerhalb von Sekunden von grün in braun umfärben kann, was ihr den Namen amerikanisches Chamäleon eingebracht hat.
Das gilt nur für die Männlichen Tiere wo grün sind, Weibliche Tiere sind immer braun.
Auf dem Rücken findet man einen weißen, gezackten Streifen, der besonders bei weiblichen Tieren ausgeprägt ist.
Der Kehlfächer ist rosa bis weinrot gefärbt.
Rotkehlanolis können eine Körperlänge von 22 cm bei einer Kopf-Rumpf-Länge von 7 cm erreichen.
Die Weibchen sind im adulten (Erwachsenen) Alter etwas kleiner und der Kopf ist etwas weniger breit als bei den Männchen.
Ausserdem ist die weisse Dorsalstreifen (Rückenzeichnung) bei den Weibchen etwas stärker ausgeprägt.
Weibchen und Männchen haben eine rote Kehlfahne, die sie zum Imponieren und Drohen zeigen.
Bei den Männchen ist diese Kehlfahne etwas grösser und besser Sichtbar als bei den Weibchen.

Der **Bahamaanolis** (*Norops sagrei*), der auch unter dem Synonym *Anolis sagrei* bekannt ist, zählt innerhalb der Familie der Leguane (*Iguanidae*) zur Gattung Norops.
Im englischen wird der Bahamaanolis **Brown Anole** genannt.
Die Art ist monotypisch, Unterarten sind demnach keine bekannt.
Der Bahamaanolis kann leicht mit dem Kammanolis (*Anolis cristatellus*) und dem Rotkehlanolis (*Anolis carolinensis*) verwechselt werden.
Sollten jedoch nicht zusammen gehalten werden.
Da ich Grundsätzlich gegen Vergesellschaftungen bin.

(Bild: Bahamaanolis)

Anolis carolinensis

Die Juvenil (Jungtiere) sehen bereits genau so aus wie die *Adulten* (Geschlechtsreifen, Erwachsenen).
Sie wechseln im Wachstum ihre Formen und Farben nicht mehr.
Die Anolis carolinensis verfügen über eine dünne, schuppige Haut.
Die Tiere reagieren rasch auf sanfte Berührungen und nehmen selbst bei völliger Dunkelheit kleinste Erschütterung am Boden über die Haut wahr.
Die Ecdysis (Häutung), die alle 40 Tage stattfindet, verläuft ohne Probleme, die Exuvie (alte Haut) wird ganz ausgetauscht.

Die Extremitäten sind zwar kräftig gebaut, wirken jedoch relativ filigran.
Die Füße enden in langen Zehen.
Die Fußsohlen sind mit mikroskopisch kleinen Fasern besetzt, die es den Rotkehlanolis auch Klettertouren auf glatten Oberflächen ermöglichen.
Sie könnten selbst Glasscheiben empor klettern.
Die Unterseiten der Füsse und Zehen sind mit Haftlamellen versehen, mit denen sie sich auch auf glatten Flächen festhalten können.
Aufgrund dieses Merkmals gehören sie zur Familie der Saumfinger.
Die Zehen enden in kleinen Krallen, mit denen sie sich auch an Ästen gut festhalten können.
Ihre Augen können die Tiere unabhängig voneinander bewegen.
Aus dieser Tatsache resultiert auch das Synonym "Amerikanisches Chamäleon".
Die Rotkehlanolis lebt in kleinen Gruppen und ist tagaktiv.
Während der kalten Jahreszeit haben die Tiere eine kurze Winterruhe von rund zwei Monaten nötig.
Aber eines haben alle Echsen gemeinsam: Sie sind Wechselwarm.
Das heißt im Gegensatz zu anderen Haustieren sind die Echsen von der Umgebungstemperatur abhängig.

Bei Echsen sind die Augen die wichtigsten Sinnesorgane.
Viele Echsenarten haben ein sehr ausgeprägtes Sehvermögen und auf Grund der Verständigung zwischen den Echsen gibt es auch Hinweise das sie Farben unterscheiden können.
Charakteristisch für dämmerungs- und nachtaktive Arten ist die schlitzförmige Pupille, die das Auge vor zu grellem Licht schützt.
Bei Leguanen befindest sich am unter Rand des Augenlides die so genannte Harder'sche Drüse.
Durch dieses Organ scheidet er Salze aus die in die Nasenhöhle gelangen und ausgeniest werden können.

Besonders bei den dämmerungs- und nachtaktiven Arten hat sich das Auge im Laufe der Evolution ihrer Lebensweise systematisch nahezu perfekt angepasst.
Die Netzhaut besteht neben den vielen Nerverzellen auch aus

Anolis carolinensis

Sehzellen.
Diese Sehzellen werden in ihrer Form nach in Stäbchen und Zäpfchen eingeteilt.

Während die Zäpfchen das Sehen bei Tageslicht und Wahrnehmungen von Farben bewirken, ermöglichen die Stäbchen das Sehen bei Eindämmerung und bei Nacht.
Die Zapfen entwickelten sich ursprünglich – zur Anpassung der Augen an die Lebensweise dämmerungs- und nachtaktiver Reptilienarten – aus den Stäbchen.
Die nachtaktiven Arten haben eine reine Stäbchen - Netzhaut gebildet, die ein gutes Erkennen von Formen, und Farbwahrnehmung zulässt.
Viele dämmerungs- und nachtaktive Tiere entwickelten so über Jahrzehnte eine Spaltpupille, die glatt, mehrfach gezackt, senkrecht oder waagrecht sein kann.

Damit unterscheiden sie sich von den anderen Echsen Familien, bei denen die durchsichtigen Augenlider miteinander verwachsen sind.
Man nennt diese Art von zusammengewachsenen Augenliedern „Brille".
Dass sich die „Brille" unabhängig von den Arten bei vielen Reptilienfamilien entwickelt hat, spricht für eine hohe Schutzwirkung für das Auge selbst.

Das interessante der Anolis carolinensis ist jedoch auch das Sehvermögen in der dunklen Nacht, denn in der Lund University in Schweden, haben Forscher nun definitiv herausgefunden, dass …

(Bild: Anolis carolinensis)

Anolis carolinensis

Aber zuerst noch eine allgemeine Information zu Stäbchen und Zäpfchen im Auge:

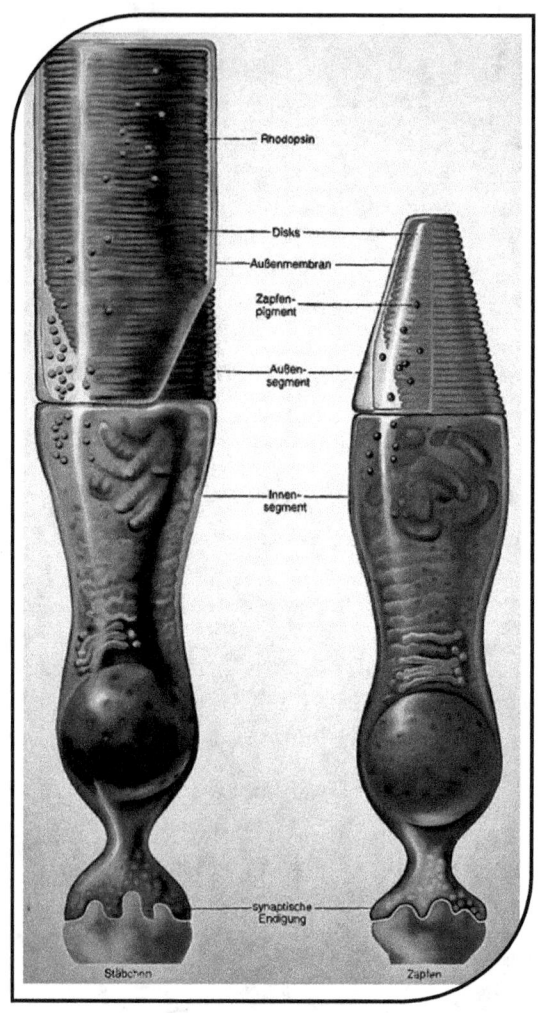

Die **Stäbchen** („rods") sind zuständig für das **skotopische Sehen** in der Dämmerung. Menschen, die keine Stäbchen haben, sind nachtblind.
Das Pigment der Stäbchen nennt man Rhodopsin (auch Scotopsin genannt; es benötigt Vitamin A zur Re-Synthese).
Die maximale Konzentration der Stäbchen ist parafoveal zu finden.
Ein Auge hat ca. 120 Millionen Stäbchen.

Die **Zapfen** („cones") sind für das **photopische Sehen** in Helligkeit zuständig.
Wenn sie fehlen, dann ist man tagblind.
Das Pigment der Zapfen heißt Iodopsin (auch Photopsin genannt).
Die Konzentration der Zapfen ist im Zentrum der Fovea am größten.
Insgesamt hat das Auge ca. 5 Millionen Zapfen.
Über die Zapfen bei den Tagaktiven weiß man heute schon wieder viel mehr.

Anolis carolinensis

Während wir Menschen und die meisten anderen Wirbeltiere tagsüber mithilfe der Zapfen (Photorezeptoren) Farben sehen und nachts auf das farbenblinde Sehen mit Stäbchen angewiesen sind, gibt es einige Reptilienarten, die selbst noch bei Sternenlicht die Fähigkeit haben, Farben zu sehen und zu unterscheiden.

Insekten hingegen haben nicht wie wir Zapfen und Stäbchen, sondern sehen tags und nachts mit denselben Sehzellen.

Nachtaktive Geckos, haben ebenfalls keine Stäbchen im Auge. Und trotzdem können Sie mithilfe eines einzigen Typs von Sehzelle (ein ungewöhnlich empfindlicher Zapfen) auch nachts Farben sehen.
Nächtliches Farbensehen setzt extrem empfindliche Augen voraus. Kurz gesagt die Lund University in Schweden, hat im 2005 herausgefunden, dass alle Geckos nur einen einzigen Typ von Sehzellen besitzen.

Dieser empfindliche Zapfen, der der Struktur unserer (Menschen/Säugetiere) Zäpfchen im Auge sehr ähnlich ist, ermöglicht den Geckos die Farbwahrnehmung in der Nacht.
Die Forscher zeigten den Tieren im Dämmerlicht unterschiedliche graue oder blaue Schachbrettmuster und boten ihnen gleichzeitig Grillen zum Fressen an.
Bei den grauen Mustern waren die Grillen gesalzen und ungeniessbar.
Bei den blauen Mustern waren alle Grillen geniessbar.
Die Tiere bevorzugten nach kurzer Zeit klar die blauen Muster.
Die Forscher hatten die Versuchsbedingungen dabei so gewählt, dass andere Lichtparameter von den Tieren nicht herangezogen werden konnten.
Die Geckos konnten also eindeutig Farben sehen.

Die Größe und Form der äusseren Photorezeptorsegmente bei nachtaktiven Geckos ähneln durchaus dem Stäbchen, wogegen die entsprechenden Bildungen bei z.B. Phelsuma, tagaktiven Geckos, um bis zu 90% kleiner sind.

Deshalb kann schnell der Eindruck entstehen, dass nachtaktive Geckos Stäbchen und tagaktive Zapfen haben.
Das jedoch ist ein Irrtum, beide haben Zäpfchen, aber nur unterschiedlich modifizierte Zapfen!

Beim Taggecko kommt noch hinzu, dass er in einigen Sehzellen Öltröpfchen hat.
Das gibt ihm auch noch mal eine andere Sichtweise am Tag.
Dann gibt es noch die dritte Gruppe der Geckos, Phelsuma guentheri und Rhoptropus barnardi.
Sie stehen bezüglich des Aufbaus ihrer Sehzellen zwischen Tag und Nachtgeckos!
Nun gut, zurück zum Thema.

Anolis carolinensis

Anolis carolinensis können die Körper Farbe verändern. Besonders auffallend ist das beim Männlichen Tier, dessen Farbenspiel man genauer untersucht hat:

Früher dachte man, die Tiere wollten damit ihre Feinde beeindrucken oder sich tarnen.
Fühlten sie sich belästigt oder verängstigt, zeigen sie jeweils eine andere Farbe.
Doch heute weiß man, dass sie ihre Farbe wechseln, um ihren Artgenossen mitzuteilen, wie sie sich fühlen.
Beeinflusst wird ihre Färbung durch die Helligkeit, die Temperatur oder den Gesundheitszustand und vor allem den Gemütszustand.
Ärgern sie sich, haben sie Angst oder sind sie paarungsbereit all das wird in Farben ausgedrückt.
Neben der Farbe können aber auch Muster wie Linien und Streifen kommen und wieder vergehen.

Anolis carolinensis sind generell grün, dazu 1 Längsband auf dem Rücken des Körpers die eine hellere Farbe aufweisen (üblicherweise weiß-gelblich).

Die Haut besteht aus verschiedenen Schichten, die oberste Schicht ist die Oberhaut (Epidermis), diese besteht aus verhornten Schuppen und wird immer wieder neu ersetzt.

Unter der Oberhaut liegen die für den Farbwechsel verantwortlichen drei spezialisierten optischen Hautzellentypen (Chromatophoren) in einigen Schichten übereinander.
Melanophoren, Xanthophoren (bzw. Erythrophoren) und Guanophoren enthalten Farbstoffe.
Jede dieser Schichten ist für verschiedenen Farben bzw. Farbzustände verantwortlich.
Die oberste Schicht ermöglicht die gelben und rötlichen Farbtöne, darunter befindet sich eine Schicht von Zellen mit schwarzen Pigmenten.
Die unterste Zellschicht ist in der Lage das einfallende Licht zu brechen und die Farbe blau zu erzeugen und das Licht zu reflektieren.
Die Farbzellen der Anolis carolinensis sind nun beweglich und je nachdem, wie sie sich zusammenlagern oder wie weit sie von einander entfernt sind, verursachen sie unterschiedliche Farbgebungen.

Wie dieser Farbwechsel genau gesteuert wird, ist allerdigs noch nicht ganz geklärt.
Jedoch hat unsere Anolis carolinensis bei Stress schnell einen Farbwechsel gemacht.

Das ist auch eine weitere wichtige Erkenntnis für uns, besonders für die Terrarienbeleuchtung(weiter hinten im Buch, s. Seite 31).

Anolis carolinensis

Weiter im Thema Aussehen des Anolis carolinensis.

Eine weitere Unterteilung bei den Echsen bezieht sich auf deren Zehen.
Eine grobe Unterteilung kann man in Lamellen Echsen und Krallen Echsen vornehmen.
Echsen der erster Gruppe können dank perfekter Adhäsion, durch ihre mit Billionen feinster Härchen (etwa 200 Nanometer breit und lang), so genannten Spatulae, besetzten Füsse, bei der sie sich der Van-der-Waals-Kräfte bedienen, sogar kopfüber an Scheiben laufen.
Die Haftfähigkeit der Anolis carolinensis wird im Nanometer-Bereich durch Feuchtigkeit noch gesteigert.

Die Anolis carolinensis haben 5 Zehen mit jeweils einer kleinen Kralle dran.
Die Unterseite der Füsse ist mit Lamellenschuppen besetzt.
Das ermöglicht ihnen sich gut auf festen Untergründen festzuhalten.
Anolis carolinensis sind sehr gute Kletterer, daher können sie sich wie andere Verwandten ihrer Art, sich auch auf glatten Oberflächen gut bewegen.

Die Echsen laufen am besten auf relativ festen Untergründen, feiner weicher Sand wird gemieden.
Auf Ästen mit viel grün können sie sich wunderbar weiterbewegen.

Es geht weiter mit dem Kopf der kleinen Anolis carolinensis.
Sie haben Labialia (Lippenschilde), diese bestehen aus sieben bis zehn oberen, und sechs bis acht unteren Schuppen, die Rostral (Rostrum = Schnabel, Rüssel = Schnauzenwärts) eingekerbt sind.
Die Cranial (Kopfschuppen) sind rundlich gewölbt, teilweise auch schindelartig.
Die Dorsalia (Rückenschuppen) bestehen aus dachziegelartigen Schuppen, welche im Nacken schwach gekeilt und auf dem Rücken rückwärts gerichtet sind.
Diese können sie auch leicht aufstellen bei Gefahr.
Die kleinsten Schuppen befinden sich am Hals, die größten am Bauch der Tiere.
Besonders in das Auge fällt der Schwanz der Anolis carolinensis, da er zweidrittel des ganzen Tiers ausmacht.
Die Schuppenform des Rückens ist auch sehr gut mir bloßem Auge sichtbar, wohingegen die Körperbeschuppung eher unauffällig dazu erscheint.

Die Echsen sind fähig zur Autotomie (Fähigkeit den Schwanz abzuwerfen), wobei der Schwanz, wie bei manchen anderen Echsen Arten, in Teilen autotomiert werden kann.
Die Regeneration ist bei günstigen Bedingungen nach 90 Tagen bereits wieder komplett abgeschlossen jedoch immer sichtbar.

Anolis carolinensis

Da der Schwanz immer etwas dünner bleibt und die Stelle des Verlustes, so gut Sichtbar bleibt.
Die Anolis carolinensis sind mit 11-12 Monaten Geschlechtsreif.

Der Kloakenspalt oder die Kloake ist der Endabschnitt des Darmkanals, in den die Ausführungsgänge der Geschlechts- und Ausscheidungsorgane beide einmünden.
Die Ventrilia (Bauchschuppen) sind meistens hell.

Besondere Merkmale des ♂ Anolis carolinensis:

Die Männchen verfügen über Hemipenistaschen, die Begattungsorgane männlicher Reptilien, und sechs bis acht Präanalporen (Poren vor der Kloake bei vielen Arten, vergrösserte Drüsen), wobei die Geschlechtsbestimmung auf Grund der geringen Körpergrösse trotzdem manchmal nicht ganz einfach und je nach Alter der Anolis carolinensis wirklich sehr schwer zu sehen ist!

Besondere Merkmale des ♀ Anolis carolinensis:
Weibchen sind als Adulte immer etwas kleiner als Männchen. Wenn Sie gravid (trächtig) sind, sieht man das nicht gut, sie sind immer gleich schnell Unterwegs die kleinen Anolis carolinensis.
Anolis carolinensis Weibchen sind ovipar (eierlegend).

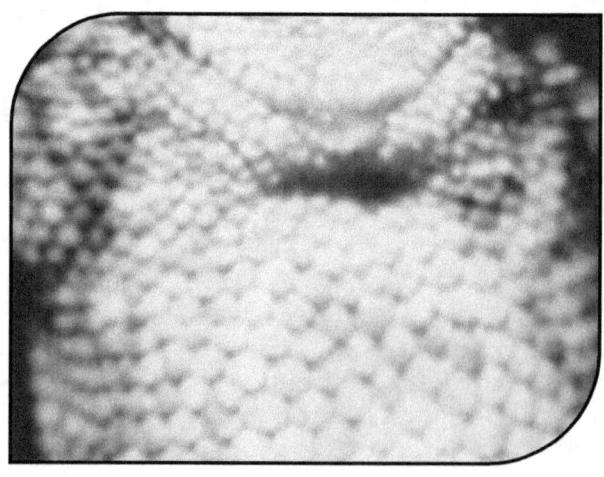

Anolis carolinensis

Verbreitungsgebiet des Anolis carolinensis:

Einst war der Terrarianern weltweit wohlbekannte Rotkehlanolis (*Anolis carolinensis*) die einzige in Florida vorkommende Saumfinger-Art.
Inzwischen sind durch menschliche Verschleppung oder Aussetzung eine ganze Reihe von Anolisarten in dem südöstlichsten US Bundesstaat etabliert.
Allen voran der Bahamaanolis (*Anolis sagrei*), der als wenig scheuer Kulturfolger sich seit der Mitte des letzten Jahrhunderts in Florida ausbreitet und inzwischen allüberall in großer Populationsdichte anzutreffen ist.
Wahrscheinlich ist *Anolis sagrei* heute bereits die häufigste Reptilienart Floridas.
Reptilienfreunde in Florida machen sich daher Sorgen, um ihren angestammten Hausanolis.
Jederorts und jederzeit sind Bahamaanolis anzutreffen, doch Rotkehlanolis sieht man immer seltener.
Obwohl sich bereits einige wissenschaftliche Studien mit der Frage nach dem zukünftigen Schicksal der Rotkehlanolis befasst haben, ist es schwer, eine zuverlässige Antwort zu finden.
Immerhin gibt es auch heute noch Gebiete in Florida, wo der Bahamaanolis in Zahl hinter dem Rotkehlanolis zurücksteht und Beobachtungen weisen daraufhin, dass direkte aggressive Interaktionen innerhalb jeder der beiden einzelnen Arten weitaus häufiger sind als Konflikte zwischen Angehöriger beider Spezies.
Andererseits jedoch sind die Bahamaanolis vermehrungsfreudiger als ihre grünen Gattungsgenossen und die erwachsenen Tiere erbeuten durchaus auch junge Rotkehlanolis.
Da alle Altersstadien beider Arten um die gleichen Nahrungsressourcen kompetieren, kann die stärkere Vermehrungsfreudigkeit der Einwanderer durchaus zum weitgehenden Verdrängen der Rotkehlanolis führen.
Fatal kann auch ein erst kürzlich erkanntes Phänomen werden: Rotkehlanolis leben relativ versteckt und verhalten sich unauffällig.   (Bild Anolis carolinensis)

Anolis carolinensis

So fallen sie Beutegreifern nur wenig ins Auge.
Bahamaanolis sind dagegen wenig scheu, posieren oft an exponierten Standorten und machen so vor allem die in Florida sehr zahlreichen Hauskatzen auf sich aufmerksam.
Sobald Katzen und auch andere Räuber Bahamaanolis als leichte und schmackhafte Beute erkannt haben, spezialisieren sich viele auf die Anolisjagd und beginnen dann auch gezielt die weniger offensichtlich posierenden Rotkehlanolis zu jagen und deren zurückgedrängte Populationen weiter zu dezimieren.
Naturschützer in Florida empfehlen daher Gartenbesitzern, ihre Gärten frei von Katzen zu halten und durch vielfältige Bepflanzung den daran gebundenen Rotkehlanolis Rückzugsplätze zu schaffen.
Ob das ausreicht oder hilft, den Rotkehlanoli in Florida auf Dauer zu erhalten muss allerdings offen bleiben.

Daher ist es sicher auch schön, einige Pflanzen in dem Terrarium zu halten (dazu jedoch später noch mehr, s. Seite 29.)

(Bild Paarung der Anolis carolinensis)

Die kleinen Anolis carolinensis sind auch für Anfänger in der Terraristik sehr gut zu halten, da Sie keine großen Ansprüche an die Haltung im Terrarium haben.
Es versteht sich von selber, dass jede Anschaffung eines Tieres eine große Verantwortung mit sich bringt für den Pfleger.
Mit keinen großen Ansprüchen meinte ich; zum Gegensatz zu anderen heiklen Terrarienbewohner, wo man mit akribischer Präzision arbeiten muss, und eventuell beim Bundesamt für Veterinärwesen eine Halterbewilligung machen muss.
Und bitte denken Sie nicht, dass der Anolis carolinensis ein Geschenk für Ihr Kind zu seinem nächsten Geburtstag sein sollte, weil ich hier schreibe: „auch gut geeignet für Anfänger".
Aus meiner Sicht gehören keine Tiere in UNAUFBESICHTIGTE Kinderhände, und wenn Eltern nicht selber schon begeisterte Terrarianer sind mit Leidenschaft, lassen Sie es bitte sein.

Anolis carolinensis

Denken Sie schon mal nur an das Lebendfutter, das die Anolis carolinensis benötigen.

Manche Frauen oder auch Männer ekeln sich grausam davor. Ich hatte auch schon Grillen im Bett und hinter dem Kühlschrank! Beim Einzug des Anolis carolinensis kommen auch automatisch noch andere Tiere zu Ihnen nach Hause!
Mehlwürmer, kleine Heimchen / Grillen sind nur ein paar genannte Futtertiere, und wenn diese ausbüchsen, was durchaus mal passiert, können diese Tierchen echt nerven...
Wenn Eltern wirklich gut und ehrlich beraten werden im Fachhandel und sie die Dinge annehmen, wie sie nun mal sind, steht dem Kauf eines Anolis carolinensis für ein Kind wirklich nichts im Wege.

Heimchen:

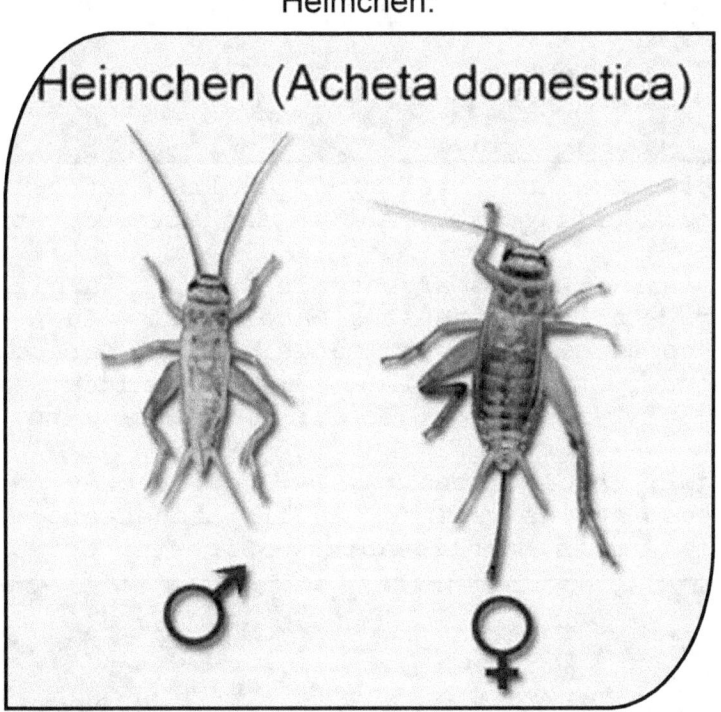

Mehlwürmer:

Zophobas:

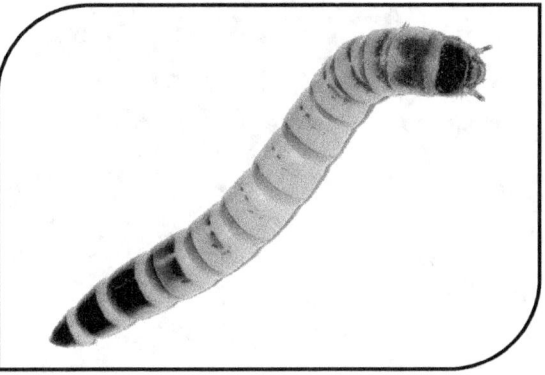

Anolis carolinensis

Verwandte Arten des Anolis carolinensis:

Anolis achilles, Anolis acutus, Anolis adleri, Anolis aeneus, Anolis Aequatorialis, Anolis agassizi, Anolis agueroi, Anolis alayoni, Anolis albimaculatus, Anolis alfaroi, Anolis aliniger, Anolis **allisoni** aus Kuba sieht so aus:

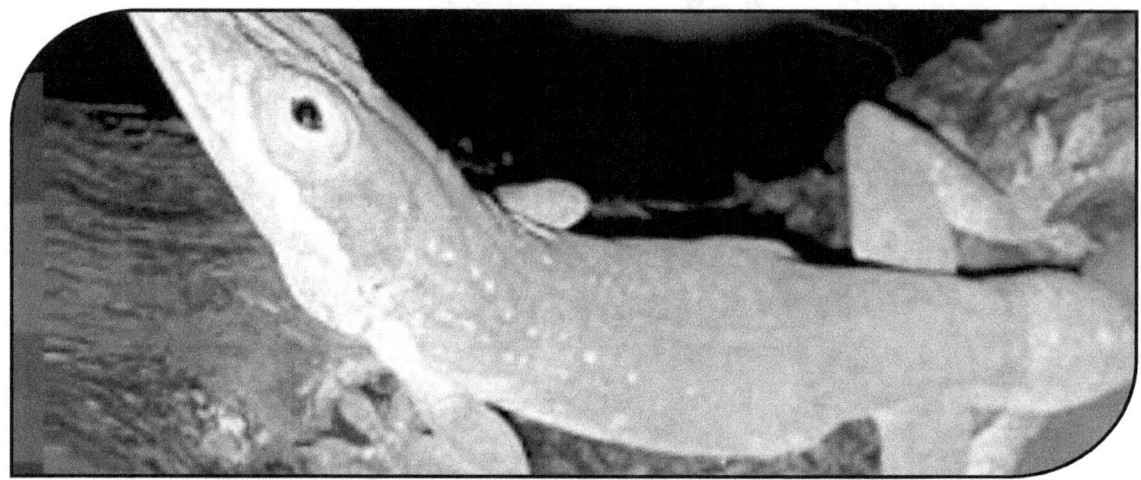

Anolis altavelensis, Anolis alumina, Anolis alutaceus, Anolis andianus, Anolis anfiloquioi, Anolis angusticeps, Anolis antioquiae,
Anolis apollinaris, Anolis argenteolus, Anolis argillaceus, Anolis armouri, Anolis attenuatus, Anolis aureatus,
Anolis bahorucoensis, Anolis baleatus, Anolis baracoae,
Anolis barahonae, Anolis barbatus, Anolis barbouri, Anolis bartschi, Anolis bimaculatus, Anolis binotatus, Anolis blanquillanus,
Anolis boettgeri, Anolis bonairensis, Anolis brevirostris, Anolis brunneus, Anolis calimae, Anolis caquetae,
Rotkehlanolis (Anolis **carolinensis**) - Südosten der USA :

Anolis carolinensis

Weißlippenanolis (Anolis coelestinus)-Hispaniola, Anolis cooki, Bild: Anolis **cristatellus**.

Anolis cristifer, Anolis cupeyalensis, Riesenanolis (Anolis cuvieri), Anolis cyanopleurus,
Dickkopfanolis (Anolis cybotes), Anolis danieli,
Anolis darlingtoni, Anolis datzorum, Anolis deltae,
Anolis desechensis, Anolis dissimilis, Anolis distichus,
Anolis dolichocephalus, Anolis eewi,
Ritteranolis (Anolis **equestris**) aus Kuba und Florida:

Anolis carolinensis

Anolis ernestwilliamsi, Anolis etheridgei, Anolis eugenegrahami,
Anolis eulaemus, Anolis evermanni, Anolis extremus,
Anolis fairchildi, Anolis fasciatus, Kammanolis (Anolis ferreus),
Anolis festae, Anolis fitchi, Anolis fowleri, Anolis fraseri,
Anolis frenatus, Anolis fugitivus,
Bild: Anolis **garmani** aus Jameika und Florida.

Anolis garridoi, Anolis gemmosus, Anolis gingivinus,
Anolis gorgonae, Anolis greyi, Anolis griseus, Anolis gruuo,
Anolis guamuhaya, Anolis gundlachi, Anolis haetianus,
Anolis hendersoni, Anolis huilae, Anolis humilis,
Anolis impetigosus, Anolis incredulus, Anolis inexpectatus,
Anolis insignis, Anolis insolitus, Anolis isolepis,
Anolis jacare, Anolis juangundlachi, Anolis koopmani,
Anolis krugi, Anolis laevis, Anolis lamari, Anolis latifrons,
Anolis leachii, Strichfußanolis (Anolis lineatopus) - Jamaika,
Anolis lividus, Anolis longicauda, Anolis longiceps,
Anolis longitibialis, Anolis loysianus, Anolis luciae,
Höhlenanolis (Anolis lucius), Anolis luteogularis,
Anolis luteosignifer, Anolis macilentus, Anolis maculigula,
Anolis marcanoi, Anolis marmoratus, Anolis marron,
Anolis maynardi, Anolis megalopithecus, Anolis menta,
Anolis microtus, Anolis mirus, Anolis monensis, Anolis monticola,
Anolis nannodes, Anolis nasofrontalis, Anolis nelsoni,
Anolis nigrolineatus, Anolis nigropunctatus, Anolis noblei,
Anolis nubilis, Anolis occultus, Anolis oculatus,
Anolis oligaspis, Anolis olssoni, Anolis ophiolepis,

Anolis carolinensis

Anolis oporinus, Anolis palmeri, Anolis parilis, Anolis paternus, Anolis peraccae, Brauner Anolis (Anolis petersi), Anolis philopunctatus, Anolis phyllorhinus, Anolis pigmaequestris, Anolis placidus, Anolis pogus, Bild: Anolis **Polylepsis**.

Anolis poncensis, Baumstammanolis (Anolis porcatus), Anolis porcus, Anolis princeps, Anolis proboscis, Anolis propinquus, Anolis pseudokemptoni, Anolis pseudopachypus, Anolis pseudotigrinus, Anolis pulchellus, Anolis pumilus, Anolis punctatus, Anolis purpurescens, Anolis quaggulus, Anolis radulinus, Anolis rejectus, Anolis richardii, Anolis richteri, Anolis ricordi, Anolis rimarum, Roosevelts Anolis (Anolis roosevelti), Anolis roquet, Anolis ruizi, Anolis rupinae, Anolis sabanus, Anolis **sagrei** Bahhamaanolis:

Anolis carolinensis

Anolis santamartae, Anolis scriptus, Anolis semilineatus, Anolis sheplani, Anolis shrevei, Anolis singularis, Anolis smallwoodi, Anolis smaragdinus, Anolis solitarius, Anolis spectrum, Anolis squamulatus, Anolis strahmi, Anolis stratulus, Anolis terueli, Anolis tigrinus, Anolis toldo, Anolis transversalis, Anolis trinitatis, Anolis vanidicus, Anolis vaupesianus, Anolis ventrimaculatus, Wasseranolis (Anolis vermiculatus), Anolis vescus, Anolis wattsi, Anolis websteri, Anolis whitemani, Anolis **williamsii:**

Verhalten des Anolis carolinensis:

Anolis carolinensis bewegt sich meist sehr schnell, besonders in Notsituationen und beim Jagen.
Es handelt sich im großen und ganzen um sehr ruhige Echsen.
Er ist sehr friedliebend, wenn man ihn richtig hält, und wird auch mit der Zeit sehr zutraulich zum Pfleger.
Die kleinen Echsen können gut in grösseren Gruppen gehalten werden.
Da die Männchen territorial veranlagt sind, kann man nicht mehrere Männchen mit Weibchen zusammen halten.

Die Tiere gelten aus tagaktiv und häufig als scheu, letzteres kann ich jedoch beides nicht bestätigen anhand meiner Anolis carolinensis.
Man kann sehr gut eine harmonische Beziehung aufbauen im gewissen Sinne.
Wenn man seine Nachzuchten zum Beispiel regelmässig auf der Hand krabbeln lässt!
Bitte nicht nach dem Echsen greifen, sonst kann es passieren, dass er aus Angst den Schwanz abwirft, oder es Verletzungen auf seiner, feiner schönen Haut gibt.
Es sind keine Kuscheltiere, jedoch wenn man sie wöchentlich auf die Gewichtskontrolle hin prüft, werden Anolis carolinensis sicher zutraulicher als wenn man sie nur täglich versorgt und

Anolis carolinensis

beobachtet im Terrarium.
Auch tagsüber kann man sie häufig sehen, da sie einfach irgendwo auf einem Ast liegen und sich sonnen und entspannen.
Außerdem sind sie hervorragende Kletterer, die tagsüber aktiv durch das Terrarium klettern und Ihre Beutetiere gnadenlos jagen können.

Baumbewohner habe lange meist zarte Unterschenkel mit langen Zehen die mit Krallen besetzt sind.
Dies erlaubt es ihnen sich schnell auf Bäumen fort zu bewegen.
Wenn zwischen den hinteren Zehen noch Häute sind kann sich die Echse auf ihren Hinterfüßen schnell über ein Gewässer fortbewegen. Diese nennt man bipedisch.

Rotkehlanolis sind sehr flinke Tiere, die bei Gefahr schnell die Flucht ergreifen und sich verstecken.
Nach gewisser Zeit und der Eingewöhnungsphase können sie aber sehr zutraulich werden und fressen sogar aus der Hand des Pflegers.
Sie sind sehr gute Kletterer denen es keine Probleme macht sogar auf Glas umher zu klettern.
Auf dem Weg von einem Eck zum anderen springen sie sehr geschickt von Ast zu Ast.
Früher wurden Rotkehlanolis oft "Amerikanisches Chamäleon" genannt, weil sie die Fähigkeit besitzen ihre Farbe, zwischen grün und braun, zu wechseln.
Inzwischen ist bekannt, dass die Farbe eine Aussage über den Gemütszustand der Tiere gibt. Bei Wohlbefinden sind die Tiere grün oder hellbraun gefärbt.
Ist das Tier dunkelbraun, ist ihm entweder kalt, oder sie sind gestresst oder falls es ein Männchen ist, ist es erregt.
Ist ein Tier ständig dunkelbraun ist es wahrscheinlich krank und man sollte einen Tierarzt aufsuchen.
Meine Erfahrung zeigt, dass Nachts eigentlich immer alle Tiere grün sind, während tagsüber die Weibchen meist hellbraun und seltener als die Männchen grün sind.
Die Männchen zeigen sich meist den ganzen Tag über in ihrer grünen Färbung.

(Bild: Anolis wattsi)

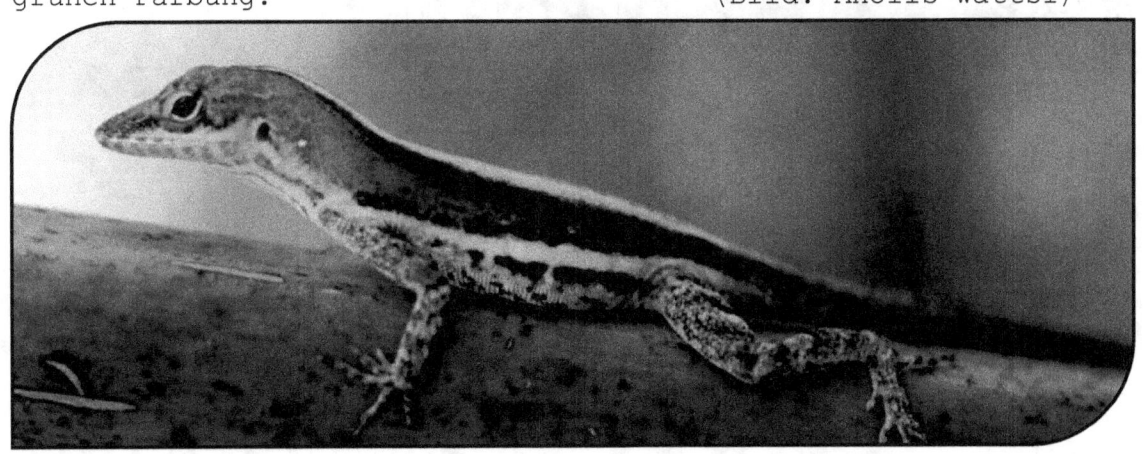

Anolis carolinensis

Quarantänehaltung:

Beim Erwerb neuer Tiere, die man später in die Zucht einbringen will, muss eine Quarantänehaltung von mindestens 30 Tagen durchgeführt werden.
In dieser Zeit wird eine Kotuntersuchung gemacht in einem Institut Ihrer Wahl.
Ist man nach dieser noch unsicher über den Gesundheitszustand des Neulings, können auch 60 Tage nicht schaden.
Die Quarantänestation darf sich auf keinen Fall in der Nähe des eigentlichen Terrariums befinden, da es sonst eventuell zu einem Übergreifen der Krankheit kommen kann.
Besser gesagt in keiner Nähe eines anderen Terrariums.
Wenn Sie die Möglichkeit haben, richten Sie die Quarantänestation in einem separaten Zimmer ein.
Es ist sehr zu empfehlen, am Anfang der Quarantänezeit, sowie vor dem Umzug in das neue Terrarium, Kotproben vom Tierarzt auf mögliche Parasiten untersuchen zu lassen.
Dass muss zwingend einmal in der Quarantänezeit gemacht werden. Also eine oder mehrere Kotproben, je nach dem ersten Ergebnis natürlich, untersuchen lassen.

Wichtig anzumerken ist noch, dass man unbedingt bei jeder Versorgung am Quarantänebecken das Händewaschen und Desinfizieren nicht vergisst.
Ich desinfiziere meine Hände sogar nach jedem Terrarium, das ist jedoch jedem freigestellt, wie er das machen will!

(Bild: Anolis carolinensis)

Wichtig bei der optimalen Einrichtung des Quarantänebeckens, ist sicher der Bodengrund, den man täglich erneuern muss.
Sehr gut hat sich Haushaltspapier bewährt dafür, da Parasiten meist über den Kot, wieder in den Körper der Tiere gelangen können.
Die Exkrementeprobe (Kotprobe) kann dauern, da die kleinen keine Berge von Exkremente (Kot) hinterlassen, jedoch
auf dem Haushaltspapier gut sichtbar und entfernbar sind.
Sollte die Kotprobe auf Krankheiten hinweisen, ist in jedem Fall ein reptilienkundiger Tierarzt unverzüglich aufzusuchen und über die Ergebnisse zu informieren.

Anolis carolinensis

Da die Tiere sehr leicht und klein sind, und die Medikamentendosis meistens nach Körpergewicht der Tiere verabreicht wird, sollte man das unbedingt einen Tierarzt überlassen.
Nach anschließender Genesungszeit bitte noch mal eine Kotprobe machen lassen, damit Sie eine eindeutige Sicherheit haben, dass Sie Ihren bestehenden Bestand mit dem Neuankömmling nicht gefährden.
Die Kotprobe kostet nicht alle Welt, jedoch kann je nachdem, ein Virus oder Parasiten Befall, einen großen Schaden anrichten.
Thema Virus, hinten im Buch noch eingehender Beschrieben!

Also Vorsicht ist geboten bei der Anschaffung generell von neuen Terrarien-Tieren!
Es kann sehr rasch eine sehr große finanzielle Sache daraus werden, wenn Sie nicht generell auf die Hygiene im und um das Terrarium acht geben.
Und von den Verlusten der anderen Tiere mal ganz abgesehen!

Von Quarantäne spricht man bei einer Infektion, bei einer Isolierung, um eine Infektion zu verhindern.

Kurz gesagt:
Die Quarantäne (ital. quarantina di giorni, frz. « quarantaine de jours », „vierzig Tage") ist eine vorübergehende Isolierung zur Verhinderung der Ausbreitung von infektiösen Krankheiten, zum Beispiel zwischen den Menschen, oder in diesem Fall der Tiere, die sie schon zu Hause haben und gesund sind.
Die Quarantäne ist eine sehr aufwendige, aber auch sehr wirksame seuchenhygienische Maßnahme, die insbesondere bei hochansteckenden Krankheiten mit hoher Sterblichkeit angewendet werden muss.   (Bild: Anolis carolinensis)

Anolis carolinensis

Da Sie meistens nicht wissen, ob das neuerworbene Tier einen Virus oder Würmer hat, sollten Sie nicht auf das „hören", was Ihnen der Verkäufer gesagt hat.

Jeder will natürlich NUR GESUNDE Tiere verkaufen.
Und in die Tier hinein sehen, können wir jedoch alle nicht... machen Sie es einfach, ich spreche aus bitterer eigener Erfahrung!

Übrigens; Im 19. Jahrhundert war ein ebenfalls gängiges Wort für Quarantäne, Kontumaz (lat. contumacia).

Ist nach der Untersuchung der Kotprobe alles in Ordnung, steht dem Umzug in das fixe Terrarium nichts mehr im Wege.

Haltung des Anolis carolinensis:

Eine häufig gestellte Frage in der Haltung ist, was die Zahlen 0.1 / 1.0 und 0.0.1 in der Terraristik bedeuten.
Mit diesen Zahlen wird angegeben, welches Geschlecht ein Tier hat.
1.0 = ♂ männliches Tier
0.1 = ♀ weibliches Tier
0.0.1 = Bei diesem Tier weiß man nicht, um welches Geschlecht es sich handelt. Angabe bei Jungtieren wo das Geschlecht noch nicht bestimmbar/sichtbar ist.
0.0.0.1= zwittriges Tier

Die Haltungsbedingungen von Anolis carolinensis sind eigentlich recht übersichtlich.
Sie können gut in kleineren Gruppen gepflegt werden z. B. ein Männchen mit zwei bis vier Weibchen.
Da Anolis carolinensis Männchen in der Regel sehr territorial (Revier bildend) und Artgenossen gegenüber aggressiv sind, sollte man nicht mehr als ein Männchen im Terrarium halten.
Normalerweise, bei allen Echsenarten, die ich kenne, geht das gar nicht gut im gleichen Terrarium.

Bild: Anolis carolinensis)

Anolis carolinensis

Die Ausnahme bestätigt die Regel, und so mehr ist es empfehlenswert, nur ein Männchen mit mehreren Weibchen zu halten. So werden eventuelle Machtkämpfe auf jeden Fall vermieden.

Zu der Gruppenhaltung, kann noch folgendes gesagt werden:
Passen Sie nur auf, dass Sie nicht zu junge Tiere in eine Gruppe integrieren wollen.
Sonst erleben Sie Ihr blaues Wunder mit der kleinen Echse.
Wenn die Anolis carolinensis noch zu klein sind, kommt es zu Auseinandersetzungen untereinander.
Ich habe in der Vergangenheit schon so viel agonistisches Verhalten (kämpferische Auseinandersetzung; mehr oder weniger mit Tötungsziel) unter den noch zu jungen Tieren beobachtet, dass ich Ihnen zu Beginn der Haltung eher abrate zur zu großen Gruppenhaltung, wenn Sie nicht genau wissen, wie alt Ihre Tiere sind.
Jährig sollten Ihre Anolis carolinensis zur Gruppenhaltung schon sein.

Sie können sich auch anhand des Gewichts ein wenig orientieren.
In der Aufzucht müssen die Anolis carolinensis, bis sie ein Alter von Minimum zwölf Monaten erreicht haben, einzeln aufgezogen werden, da die frisch Geschlüpften sich gar nicht mit großen oder gleich großen Artgenossen vertragen.
Bitte auch nicht zu den adulten Tieren in das Terrarium geben.
Das ist das Todesurteil für die kleinen.
Wie gesagt: aus meiner eigenen Erfahrung empfehle ich Ihnen 1.2 zu halten, wenn Sie auch gesunden und kräftigen Nachwuchs haben wollen.
Der nächste Schritt ist dann sicher, ein drittes und viertes Weibchen zu kaufen.
Ich finde die Anolis carolinensis eine sehr faszinierende Art von Echsen, man kann Sie wirklich sehr gut halten.
Wenn man die Anolis carolinensis jedoch ein wenig schont von den Männchen, wie nun beschrieben, können die Kleinen durchaus bis zehn Jahre alt werden. (Bild: Anolis marmoratus)

Anolis carolinensis

Hier mein Haltungs-Vorschlag an Sie, machen Sie sich von Anfang an ein Terrarium mit 100 x 80 x 120 (LxBxH) zurecht, das sie das später für 1.4 verwenden können.

Mit dieser Haltungstrennung haben die Weibchen jeweils genügend Zeit für sich, um den eigenen Kalziumhaushalt zu regenerieren, was auch sehr wichtig ist für die gesunde Eiablage.
Anolis carolinensis Weibchen haben einen sehr hohen Stress mit der extrem hohen Paarungsbereitschaft der Männchen.

Warum hat die Mutter Natur die Anolis carolinensis Spermathek - Sperma speichernd erschaffen?
Das ist die Frage, die mich veranlasst hat, die kleinen gegenseitig ein wenig voneinander zu schonen.
Daher glaube ich nicht, dass die Echsen in freier Laufbahn immer in einer Gruppe zusammen sind.
Eine weitere Überlegung war die, dass in der Wildnis die kleinen so viele Ausweichmöglichkeiten haben, die wir Ihnen so nie geben können.
Meine Männlichen Tiere haben sogar im Winter, wo die Aktivität durch die kurzen Tage noch mal gesteigert wird, alle ein Separates Terrarium zur Verfügung.
Die Winterruhe sieht dann für die Kleinen wie folgt aus:
Das Männchen wird von November bis Februar im kommenden Jahr komplett alleine gehalten und es geht ihm auch prächtig dabei.
Die Weibchen können gut in dieser Zeit auch in einer Gruppe gehalten werden, Probieren Sie es aus und haben Sie viele Jahre Freude an Ihren Anolis carolinensis.
Eine Temperaturabsenkung brauchen die Echsen auch, nur Ruhe von den Männchen reicht nicht.   (Bild: Anolis carolinensis)

Anolis carolinensis

Terrarium und Einrichtung:

Zur Größe des Terrariums kann ich nur sagen, 80 x 60 x 100 cm (LxBxH) für ein Paar Anolis carolinensis reicht aus, größer ist natürlich immer besser.
Was noch zu sagen ist, wenn Sie sich für ein höheres Terrarium entscheiden, haben Sie später, wegen der einzuhaltenden Distanz, weniger Probleme mit der Platzierung der Beleuchtung.
Da die Anolis carolinensis tagaktiv sind, findet im Winter bei kürzerem Tageslicht Bestrahlungen die langen Nächte für die Regeneration statt.
Aufgrund der erhöhten Fortpflanzungsbereitschaft durch eine 3-4 monatige Winterruhe empfohlen.
Während der Winterruhe liegt die Tagestemperatur bei 18 - 22°C und die Nachttemperatur bei 12 - 18°C.
Eingeleitet wird die Winterruhe indem man langsam die Futtergabe, Temperatur und Beleuchtungsdauer reduziert, bis die Beleuchtung nur noch 8 Stunden am Tag an ist.
Die Spots können während der Winterruhe sofern es nicht zu kalt wird ganz ausbleiben.
Es ist wichtig zu Beobachten, dass die Tiere während der Winterruhe nicht zu sehr abmagern.
Sollte dies der Fall sein, muss sie sofort abgebrochen werden.
Ich führe bei meinen Tieren nur eine Winterruhe durch, wenn sie wohl genährt und gesund sind.
Bei Jungtieren, die die Geschlechtsreife noch nicht erreicht haben, verzichte ich auf eine Winterruhe.
Beendet wird die Winterruhe, indem ich langsam die Beleuchtung und damit auch die Temperatur wieder hochfahre, bis die Anolis wieder ihre 13 Stunden Licht am Tag haben.

(Bild: Finde den Anolis carolinensis)

Das Terrarium sollte desweiteren so eingerichtet sein, dass sich die baumbewohnenden Tiere wohl fühlen können.
Mit vielen Verstecken, ein bis zwei Sonnenplätzen, als Bodengrund ein Erd / Lehm-Gemisch.
Auf weichen Sand sollte verzichtet werden, da die Echsen nicht gerne auf weichem Boden laufen.

Anolis carolinensis

Die Temperaturen von 26 bis 30°C erreicht man mit einer richtigen Beleuchtung problemlos.
Unter dem Sonnenplatz darf es ruhig 36°C werden.
Eine Nachtabsenkung der Temperaturen ist wichtig auf 17°C-22°C.
Die Luftfeuchtigkeit sollte auf 50-70% durch Planzen und Wasser sprühen erreicht werden.

Außerdem sollte das Terrarium über eine bekletterbare Rückwand (z.B. aus Kork oder Styropor) mit auch ausreichend Versteckmöglichkeiten verfügen.
Da bekletterbare Rückwände gerne genutzt werden, sollten Sie jedoch überall gut zugänglich sein für uns Pfleger, denken Sie an die Eiablage der Anolis carolinensis.
Bei meinen Tieren findet diese überall statt.
Näheres dazu unter Trächtigkeit und Eierablage weiter hinten im Buch (s. Seite 47).
Der Kreativität des Pflegers sind also fast keine Grenzen gesteckt.

Der Boden des Terrariums sollte von einer drei bis fünf cm dicken Erdlehmschicht bedeckt sein.
Zur Dekoration und als Versteckplätze dienen auch Steine.
Diese jedoch gut sichern, um das Erschlagen der Tiere zu vermeiden.
Sie können auch alle Wurzelnarten nutzen, die es auch in der Aquaristik gibt.
Doch noch mal dran denken, einfach nicht zu kleine Verstecksmöglichkeiten oder Höhlen zu geben; diese nutzen die Anolis carolinensis sehr gerne um Eier abzulegen!
Zur Bepflanzung, eignen sich alle Pflanzen die Ihnen gefallen.
Die Pflanzen sind nicht nur ein rein optischer Aspekt, um darauf zu entspannen, sondern Lebensnotwendig für das Klima.
Außerdem sollte immer eine kleine Schale mit *Calcium* (zerriebene Sepiaschale) und ein flacher Wassernapf (letzteres täglich frisch befüllt) vorhanden sein im Terrarium.
Nehmen Sie bitte nur einen flachen Wassernapf, damit die Tiere nicht darin ertrinken können. (Bild: Bunter Wasseranolis)

Anolis carolinensis

Beleuchtung:

Die Anolis carolinensis stellen keine unerfüllbaren Wünsche an die Beleuchtung. Das sind die Hersteller!
Ja, das mit der guten Beleuchtung ist so eine Sache, besser gesagt ein Fass ohne Boden!

Trotzdem sollten gewisse Regeln eingehalten werden.
Aus hohen Kostengründen am Besten von Anfang an das Richtige.
Lassen Sie uns von Anfang an versuchen, die Kosten, was die Beleuchtung betrifft, in Grenzen zu halten.
Das ist jedoch sehr schwer, wie sie bald lesen können.
Im Terrarium sollte ein Temperaturgefälle auf jeden Fall vorhanden sein.

Unter dem Spot (nicht erreichbar für die Tiere) sollten einerseits 35-38°C erreicht werden, während auch Stellen mit ca. 26°C vorhanden sein sollten.
So können sich die Tiere am Ort ihrer täglichen Vorzugstemperatur aufhalten.
Lufttemperatur tagsüber 26-30°C empfinden die Anolis carolinensis als angenehm.

Im Winter kann man die Temperaturen etwas niedriger halten, so dass ein normaler Temperaturzyklus entsteht ca. 12°C - 18°C.
Es werde Licht, und sehr vielfältig für Sie, wer die Wahl hat der hat die Qual! (Bild: Ritteranolis)

Eine UV A/B Lampe in jedem Fall sehr empfehlenswert da unsere kleinen Anolis carolinensis als tagaktiv gelten.

Anolis carolinensis

Die ausreichende Versorgung mit Licht und Wärme ist für die Haltung von Reptilien generell eine wichtige Grundvoraussetzung, die ich Ihnen kurz und intensiv erklären werde.
Zusätzlich zum sichtbaren Licht spielt das für uns unsichtbare UV-Licht eine bedeutende Rolle für die Anolis carolinensis.

Während **UV A** Strahlen (Schwarzlicht, 380-315 nm) dem Wohlbefinden der Tiere beiträgt, benötigen sie, wie die meisten Wirbeltiere auch, **UV B** Strahlung (Dornostrahlung im Bereich von etwa 315-280 nm).
UV A / B Strahlung gibt die gesunde Grundlage um Vitamin D3 zu produzieren.
Durch die UV B Strahlung kann ein Provitamin in das für den Calciumstoffwechsel wichtige Vitamin D3 optimal umgewandelt werden.
Vitamin D3 wiederum ist verantwortlich dafür, dass aufgenommenes Calcium auch in die Knochen eingelagert werden kann bei den Anolis carolinensis.
Wenn das nicht geschieht, erkranken die Tiere schwer, es kann zu Missbildungen kommen oder zu schwerwiegenden Stoffwechselerkrankungen.
Oft zeigt sich dies zuerst als akute Hypokalzämie (durch ein Zittern der Muskulatur), denn auch für jede Muskelkontraktion wird Calcium benötigt.
Oder eine Leber Lipidose (Fetteinlagerung in der Leber / Stoffwechselstörung), die von außen nicht sichtbar ist.
Die fortschleichende Entmineralisierung der Knochen führt zu einer Erweichung derselben bis hin zu Frakturen des Kiefers oder der Gliedmassen der Tiere.
Leider bemerkt der Pfleger den Mangel erst, wenn es meist schon zu spät ist.
In vielen Fällen jedoch kann durch intensive, langwierige Behandlung das Tier gerettet werden und eine akzeptable Lebensqualität wiederhergestellt werden. (Bild: Anolis richardi)

Anolis carolinensis

Besser in jedem Fall ist die Vermeidung dieser kostspieligen Mangelerscheinungen durch ausreichende Versorgung mit UV B Licht von Anfang an.
Wüsten-, halbwüsten- und Steppenbewohnende Reptilien brauchen sicher UV-Strahlung, egal ob die Tiere als tagaktiv oder nachtaktiv gelten!
Dabei ist darauf zu achten, wie stark die Tiere unter natürlichen Bedingungen ultravioletter Strahlung ausgesetzt sind, und natürlich wovon sie sich ernähren.
Als Terraristiker interessiert uns vor allem UV A und UV B Strahlung im Terrarium.
Bei Schlangen und vielen nachtaktiven, carnivoren (Fleisch fressenden) Echsen und Geckos scheint die UV-Strahlung eine untergeordnete Rolle zu spielen, sie ist nicht lebensnotwendig, trägt aber in jedem Fall zum Wohlbefinden dieser Tiere bei.

Auch hier ist der Markt wieder überschwemmt mit Lampen, die uns die UV-Strahlung in das Terrarium zu bringen versprechen.
Wobei das beste Licht und die gesündeste UV-Strahlung immer noch von unserer lieben großen Sonne kommen.
Bei Anolis carolinensis ist eine künstliche Bestrahlung Unbedingt vonnöten, da diese aus warmen Breitengraden unserer Welt kommen.
Anolis carolinensis sonnen sich gerne und viel durch den Tag!
Ultraviolette Strahlung hat auch die Eigenschaft, dass diese durch Glas und Plexiglas gefiltert werden und so nicht bei Tier ankommen können, wenn diese von außen an dem Terrarium befestigt werden!
Das heißt, es kommt gar keine Strahlung beim Tier an, wenn Sie die Lampe von außen in das Terrarium leuchten lassen.
Es kostet Sie nur den Stromverbrauch für nichts!

(Bild: Anolis allisoni)

Des Weiteren nimmt die Intensität bei allen Leuchtmitteln, die auf dem Markt angeboten werden mit steigender Distanz stetig ab. Über meine eigenen Tests, zum Teil mit sehr rascher und kurzer Distanz, jedoch später noch mehr!

Anolis carolinensis

Die Tiere müssen also direkt und aus einer an die Lichtquelle angepassten Entfernung bestrahlt werden.
Das erreichen Sie am einfachsten mit einem so genannten Sonnenplatz.
Das heißt für Sie, Anolis carolinensis sollte die Möglichkeit haben im weitesten Sinne selber bestimmen zu können, welche Stärke an Bestrahlung sie gerade brauchen.
Später gebe ich Ihnen noch ein paar Distanzen von Lampe zu Tier an.
Die beste Prüfung machen Sie jedoch durch eigene Messungen.
Immer schön vorsichtig sein, dass die Tiere keine Möglichkeit haben, direkt an die Lampe zu kommen. Verbrennungsgefahr!
Für Freigehege gibt es übrigens UV-durchlässiges Spezialplexiglas, zwar nicht ganz billig, aber ein sehr guten Schutz vor Katzen und Co.
Wenn man den Anolis carolinensis oder andere Reptilien auch mal draußen halten möchte.
Jedoch Vorsicht ist geboten, wenn Sie die Anolis carolinensis über Nacht draußen lassen wollen, wegen der eventuellen zu krassen Temperaturschwankungen, die er nicht sehr liebt!

Nun stellt sich die schwierige Frage: welches Leuchtmittel ist denn am geeignetsten für Anolis carolinensis?
Direkt vorab zu sagen, die perfekte Lampe gibt es, aus meiner Sicht, nicht!
Jedoch sind die Unterschiede und die Abgaben der UV Anteile erschreckend, entweder gut oder schlecht! (Bild Anolis r.roquet)

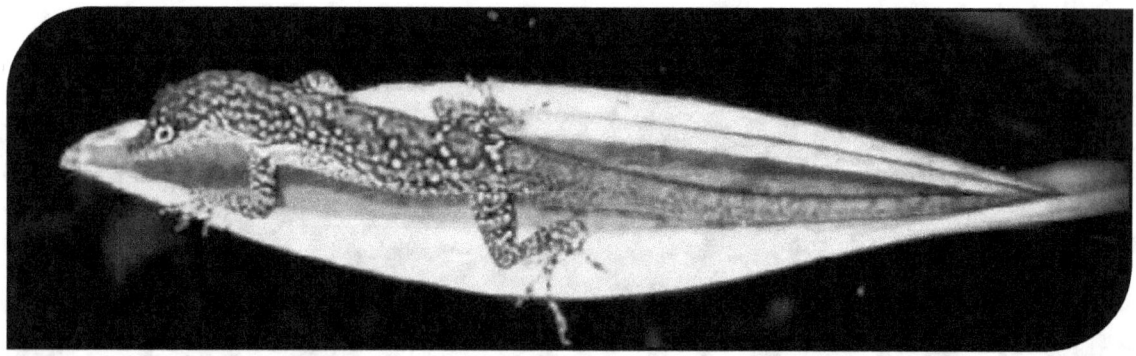

Abbildungen von Reptilien auf der Packung oder die hohen Preise selbst und die UV-Prozentangaben sind keinerlei Hinweis darauf, dass es sich tatsächlich um ein für Reptilien geeignetes Leuchtmittel handelt.
Und wieso schreiben die Hersteller die Prozentangaben auf die Packung, die ohne Kenntnis der gesamten abgegebenen Lichtleistung überhaupt keine Aussagekraft haben.
Die Aussagekraft dieser % Kennzahlen ist etwas fragwürdig für mich, da ja für die Tiere die eigentliche UV-Leistung(in nW/cm^2) maßgebend ist, und nicht irgendwelche Prozentzahlen! Wieso die Hersteller nicht die abgestrahlte UV-Leistung in $\mu W/cm^2$ angeben, ist mir wirklich nicht ganz klar. Vermutlich handelt es sich um einen Marketing-Trick!

Anolis carolinensis

Kurz gesagt:
1 nW/cm2 = 10 µW/cm2
(1 Nanowatt je Quadratzentimeter =
10 Mikrowatt je Quadratzentimeter)

Hinzu kommt dass UV-Licht ein viel diskutiertes Thema bei Terrarianern ist und bleibt.
Und viele auf Fehlinformationen beruhende Meinungen von Fachleuten wie auch von Laien und Händlern verbreitet werden.
Die es für den Terrarianer nicht gerade einfacher machen, die richtige Wahl zu treffen, die es in meiner Sicht nicht zu 100% gibt.
Es ist immer eine Kombination verschiedener Leuchtmittel vonnöten, um einigermaßen ein gutes Verhältnis zu bilden.
Selbstverständlich muss neben der UV B Versorgung auch eine ausreichende Beleuchtung und Beheizung sichergestellt sein.
Die Schaffung von Sonnenplätzen sowie ein Temperaturgradienten (wärmere Bereiche auf der einen und kühlere Bereiche auf der anderen Seite) sind zwingend nötig für den Anolis carolinensis.
Zu bedenken ist, dass manche Lampen zwar tatsächlich eine Beträchtliche Menge UV B Strahlung abgeben, diese jedoch nicht ausreicht, wenn die Tiere sich nur wenige Stunden am Tag darunter aufhalten.
Die gute Ausleuchtung des Terrariums ist also auch ein sehr wichtiger Punkt in der Terraristik. (Bild: Anolis .c.seminolus)

Die richtige Position der Lampe ist das A und O, daher empfiehlt es sich ein Holzterrarium zu nehmen.
Damit sind Sie absolut nicht gebunden an die Platzanordnung der Lampenhalterungen, und es fällt Ihnen leichter die richtige Stelle zu finden.
Sie haben mit geringem Aufwand die Möglichkeit, Ihre Leuchtmittel dort einzusetzen, wo diese auch tatsächlich etwas den Tieren nützen.

Anolis carolinensis

Wenn der Abstand zu den Tieren zu groß ist, kommt zu wenig Strahlung bei den Tieren an und nützt reichlich wenig.
Die folgende Auflistung beruht auf eigenen Messungen vom „künstlichen Sonnenlicht" und einer Vielzahl an Unterschiedlichen Lampen im Angebot im Handel.
Insbesondere aber auf der Erfahrung mit vielen verschiedenen Tierarten in der Terraristik, die ich selber halte.
Es gibt erstaunlicherweise viele Fälle, in denen die Tiere auch mit eigentlich unzureichender UV B Versorgung gedeihen können, um Risiken jedoch zu minimieren sollte eine möglichst optimale Versorgung bei allen unseren Terrarien-Tieren immer Sichergestellt sein.
Dazu werden im Handel verschiedene Möglichkeiten angeboten.
Auf die Nennung von Markennamen möchte ich größten Teils verzichten, es gibt hierzu viele andere gute Bücher im Handel.

Glühbirnen, **Spotstrahler** und **Presskolbenlampen** wie auch **Halogenlampen** geben Wärme und reines Licht kombiniert ab.
Daher sind sie Bestandteile mancher Terrarieneinrichtung und als Wärmequelle einer Rotlichtlampe sicher immer vorzuziehen.
Die **Keramikstrahler** sollten meiner Meinung nach nicht verwendet werden bei Anolis carolinensis, da das lebensnotwendige UV-Licht von diesen nicht abgegeben wird.
Leider wird auch viel zu oft eine handelsübliche Glühbirne mal schnell zur "Reptilienlampen" gemacht, ohne hier jemand angreifen zu wollen.
Der Hinweis allein von "UV A / UV B Anteil", lässt meistens auf einen absolut unzureichenden Anteil der notwendigen UV B Strahlung schließen.
Diese Lampen schaden nicht, sind aber sicher nur als Wärme- und zusätzliche Lichtquellen zu gebrauchen.

Anolis carolinensis

Leuchtstoffröhren T8 / T5 werden zwar inzwischen speziell für den Terraristikbedarf hergestellt, jedoch ist die Abgabe an UV B Strahlung schon bei wenigen Zentimetern Abstand sehr gering.
Ich habe auf ca. 30cm KEIN UV B Anteil mehr gemessen und noch 10 nW/cm an UV A Anteil.
Das ist deutlich zu wenig für unsere Tiere.
Die stark abnehmende Strahlung nützt den Tieren gar nichts.
Die Strahlung allgemein ist für unsere Augen nicht erkennbar.
Nur durch Messungen sind diese wirklich ersichtlich.
Diese Röhren, wie auch alle anderen oben genannten Lampen, sind meiner Meinung nach dazu einsetzbar, das Lichtspektrum und die Ausleuchtung für das Terrarium zu verbessern.
Unsere Reptilien sind aufgrund besonderer Zellen (Zapfen) im Auge dazu fähig, auch in anderen Bereichen als der Mensch zu sehen.
Die Neonröhren allein sind für die Vitamin D3-Synthese jedoch niemals ausreichend genug.
Die Lux-Messung hat auch ergeben auf 30cm noch 1`100 Lux.

(Bild: Anolis c.seminolus)

Wobei zu sagen ist, dass ich an diesem Tag bei mir zu Hause im Garten zuerst eine Messung gemacht habe, damit ich einen Vergleich hatte zu den Leuchtmitteln im Handel.
Das Ergebnis im Garten war trotz Bewölkung und Quellwolken 10`000 Lux, ein UV B Anteil von 50 nW/cm 2 und ein UV A Anteil von 350 nW/cm 2.
Es gab keine direkte Sonnenbestrahlung auf die Messgeräte.
Das soll Ihnen auch ein Vergleich geben, wie schwach die Röhren und einige Leuchtmittel wirklich sind.
Kompaktlampen, auch als **"Energiesparlampen"** bekannt, sind einfach nur Miniatur-Leuchtstoffröhren mit einem integrierten Vorschaltgerät.
Sie geben auf wenige Zentimeter tatsächlich eine beträchtliche Menge UV-Strahlung ab.

Anolis carolinensis

Diese Strahlung ist jedoch häufig leider zu kurzwellig und verursacht unter Umständen eine Keratokonjuktivitis (Hornhaut-/Bindehautentzündung) bei den Tieren, die zur Erblindung oder zum frühzeitigen Tod der Tiere führen kann.
Im zu großen Abstand zu den Tieren ist diese Lampe wiederum wirkungslos.
Allein deswegen ist dieser Lampentyp aus meiner Sicht für die Terraristik gänzlich ungeeignet.
Die Messung auf nur 10cm hat ergeben, 4000 Lux und keinen UV B Anteil mehr, also 0 nW/cm2 und einen UV A Anteil von noch 20 nW/cm2.
Wobei noch zu sagen ist, dass die Messung der Energiesparlampen seitwärts immer etwas höher ausfallen können, als wenn man diese nur von vorne direkt im Kegelzentrum misst.
Nichts desto trotz auf 10cm Distanz absolut inakzeptabel.
(Bild: Anolis carolinensis)

HQI-Strahler (Halogenmetalldampflampen) werden gerne für Terrarien verwendet, da sie eine sehr gute Lichtquelle darstellen.
Die Wärmeleistung ist zwar eher mittelgradig bei diesen Typen.
Es gibt auch speziell für die Terraristik hergestellte Strahler, basierend auf altbekannter Technik.
Hier zeigten jedoch mehrere Messergebnisse und auch die praktische Erfahrung, dass diese zwar ein Schritt in die richtige Richtung sind, sie jedoch als zuverlässig ausreichende UV B Quelle nicht einsetzbar sind.
Trotz des hohen Preises zeigt die Werbung ihre Wirkung, und diese Lampen werden vielfach eingesetzt, ohne dass wir, die

Anolis carolinensis

Konsumenten, etwas davon ahnen.
Vorab sei erwähnt, dass es sich bei den Bright Sun Strahlern um **UV Metalldampflampen** handelt, die unbedingt ein Vorschaltgerät benötigen.
Das bedeutet, es wird teurer.
Die gute Qualität jedoch zahlt sich für unsere Tiere schnell aus.
Folgende Leuchtmittel wurden verglichen.
Alle im Abstand zu 30 cm und in nW/cm2 gemessen und angegeben.

Lucky Reptile Bright Sun UV 50 Watt Dessert hat 35000 Lux, einen UV A Anteil von 6.500 nW/cm2 und einen UV B Anteil von 80 nW/cm2.

Lucky Reptile Bright Sun UV 50 Watt Jungle hat 46000 Lux, einen UV A Anteil von 4.200 nW/cm2 und einen UV B Anteil von 80 nW/cm2.

Lucky Reptile Bright Sun UV 70 Watt Dessert hat 69000 Lux, einen UV A Anteil von 9.200 nW/cm2 und einen UV B Anteil von 130 nW/cm2.

Lucky Reptile Bright Sun UV 70 Watt Jungle hat 68000 Lux, einen UV A Anteil von 7.800 nW/cm2 und einen UV B Anteil von 90 nW/cm2.

Ist nicht schlecht, dieses Ergebnis, es wird jedoch noch besser!

HQL-Strahler (Quecksilberdampflampen) geben Licht und Wärme kombiniert ab und haben teilweise einen mittelmässigen UV B Anteil im Licht enthalten.
Für das Gedeihen unserer Tiere reicht er jedoch nicht wirklich aus.
Hier ist auch auf starke Variationen im Strahlungsspektrum je nach Hersteller zu achten.
Bei manchen Lampen wird sogar kein UV B abgegeben, lassen Sie sich nicht irreführen von den hohen Preisen.
Ein guter Strahler von diesem Typ gibt mal gerade 5000 Lux ab.

(Bild: Anolis c.seminolus aus Florida)

Anolis carolinensis

Besser sind da schon die moderneren **HQL-Mischlichtstrahler** mit integriertem Vorschaltgerät, wie sie von verschiedenen Herstellern für die Terraristik angeboten werden.
Diese sehen aus wie große Glühbirnen, geben aber tatsächlich eine gewisse Menge UV B Strahlung ab, sowie viel Licht und Wärme. Vom hohen Preis abgesehen sind es ideale Terrarienlampen, doch auch hier ist die UV B Strahlung noch ergänzbar.
Gleiches gilt auch für **HQI-"Birnen"**, die mit einem externen Vorschaltgerät angeboten werden.
ZooMed Powersun ©, JBL Solar UV-Spot ©, usw.
Eine Zoo Med Powersun 100 Watt, liegt um die 6000 Lux.
Hier noch die **Entladungslampe**. Sie ist für die UV-Versorgung gut geeignet.
Rein optisch sind sie leicht mit den für die Terraristik hergestellten Lampen zu verwechseln, jedoch weist die Zusammensetzung und vor allem die Menge der abgehenden Strahlung große Unterschiede auf.
Diese UV-Strahler sind keine "Reptilienlampen", sondern im Humanbereich im Einsatz.
Sie sind ausschließlich mit 300W erhältlich und von manchen Händlern werden diese Lampen auch als "Reptilienlampen" umetikettiert, was ich nicht schlecht finde.
Achten Sie unbedingt auf die Wattzahl „**300W**" bei der Ultravitalux Spot-Strahlern.
Bei dieser Stärke sind die Entladungslampen für einen Dauerbetrieb natürlich nicht geeignet, wir wollen ja die Tiere nicht grillieren.
Bei einer täglichen, halbstündigen Bestrahlung aus ca. 60 bis 80cm Abstand jedoch besteht keine Gefahr einer Schädigung, während die UV-Versorgung der Tiere sichergestellt ist.

(Bild: Anolis carolinensis)

Eine Unterschreitung dieser Zeit sollte nur erfolgen, wenn die Lampe 15 Minuten Vorbrennen kann, da die Lampe etwa diese Zeit benötigt, um die maximale UV B Abstrahlung zu erreichen.

Anolis carolinensis

Eine Eingewöhnungszeit der Tiere mit kurzen Bestrahlungsdauern ist nicht notwendig.
Jedoch der Abstand von Minimum 60 cm ist notwendig, sonst werden die Tiere krank auf Dauer.
Sie merken schnell, wann die Zeitschaltuhr einschaltet und wieder ausschaltet.
Diese Bestrahlungshinweise beziehen sich eigentlich auf die Anwendung beim Menschen, für die die Lampe auch konstruiert worden ist.
Da die UV B Abgabe auch bei diesen Lampen mit der Zeit abnimmt, sollte sie gelegentlich gemessen und ersetzt werden.
Es braucht kein teures Vorschaltgerät, jedoch nehmen Sie eine Keramikfassung, da diese Lampe sehr heiß wird.
Mittlerweilen habe ich neben der normalen Tagesbeleuchtung alle Terrarien umgerüstet mit einer Verwandten solchen Lampe,
der T-Rex Active UV Heat © als ganztags Licht Sonnenplatz.
Die T-Rex Active UV Heat © braucht auch kein Vorschaltgerät und ist im Gegensatz zu der Ultravitalux Spot-Strahlern nicht nur 30 Minuten einsetzbar pro Tag.   (Bild: Anolis carolinensis)

Meine T-Rex Active UV Heat © ist jetzt ein Jahr im Einsatz und die Messungen haben ergeben.
Auf 30cm Abstand gab diese noch **96`000 Lux** ab, einen UV **B** Anteil von 280 nW/cm2 und einen UV **A** Anteil von 1800 nW/cm2.
Das ist eine gute, preislich akzeptable Leistung der Lampe.
Zur Messung der Abgaben der UV-Anteile Ihrer Leuchtmittel können Sie zum Beispiel mit einem gemieteten Gerät auch selber zu Hause die Prüfungen machen.
Fragen Sie in einem Reptilien Fachgeschäft nach.
Bei großer Anzahl an Terrarien kann sich jeder auch selber überlegen, ob er sich solche Geräte anschaffen möchte, da die guten Teile Ihren Preis haben.
Zurück zum Thema Licht:
Das Ziel ist in jedem Fall eine gute Lampe, an einem festen Ort im Terrarium mit einer Keramikfassung (Plastikfassung schmilzt) zu installieren.

Anolis carolinensis

Die Profi - Lampe noch zum Schluss, rein informativ:
Eine weitere Lampe, die sicher zu erwähnen ist, ist die Profi Zoologist Lampe, Reptile UV Mega-Ray ©, das wohl zurzeit fortschrittlichste Produkt auf dem Markt.
Diese Lampe hat im Zentrum des Lichtkegels eine der Ultravitalux 300W Entladungslampe annähernd gleich große UV B Leistung, und kann wegen ihrer niedrigeren Wattzahl auch als Ganztages-Sonnenlampe problemlos eingesetzt werden.
Zusätzlich kann sie durch ein weiteres lichtspendendes Leuchtmittel wie zum Beispiel eine Leuchtstoffröhre erweitert werden.
Auch hier ist ratsam, die Abnahme der UV B Abgabe zu kontrollieren.
Diese Birne ist in verschiedenen Stärken (60W, 100W und 160W) erhältlich, jedoch leider in Deutschland bisher noch nicht so weit verbreitet.
Es gibt Lampen mit integriertem Vorschaltgerät und mit externem Vorschaltgerät.
Die Zoologist Lampen werden nur mit einem entsprechenden Bedarfsnachweis verkauft, und sind eigentlich nur für groß dimensionierte Zooanlagen mit großen Distanzen zu den Tieren entwickelt worden.
Jetzt wurde aber auch die Normalverbraucher Lampe herausgegeben für den Privatgebrauch.
Super Sache, finde ich und arbeite auch ab und an mit dieser guten Lampe. (Bild: Anolis carolinensis)

Aus meiner Sicht, super Licht, jedoch im zu kleinen Terrarium der Anolis carolinensis gar nicht geeignet.
Achten Sie unbedingt auf die Distanz, die sie bei dieser Lampe zu den Tieren einhalten müssen.
Darum geben Sie den Kleinen mehr Platz und profitieren Sie von einer super Beleuchtung.
Ein HOCH auf ein Langes Leben der Anolis carolinensis.

Anolis carolinensis

Das war ein kurzer Einblick für Sie in die Weiten der Beleuchtungs-Möglichkeiten.
Und was ist nun die richtige Beleuchtung?
Generell lässt sich darauf nur schwerlich eine Antwort geben.
Da hier viele Faktoren davon abhängen, wie Preis und die zu pflegende Tierart und natürlich die Größe des Terrariums und die Lebensdauer der Lampen.
Alle diese Punkte haben auch einen enormen Einfluss bei der Wahl der Lampe.
Bei der Auswahl der Beleuchtung sollte man auf jeden Fall einige Punkte berücksichtigen.
Wo kommt mein Tier her, welchen Temperaturen ist es ausgesetzt und wie ist der Niederschlag.
So stellt man die Lichtintensität zusammen.
Jedoch sollte das Vorhandensein von Wärmepunkte auch nicht vernachlässigen werden, dann kann nicht mehr viel falsch gehen.
Die Beleuchtung in den Terrarien wird immer eine Herausforderung bleiben für uns alle, wählen Sie einfach das für Sie beste Leuchtmittel aus.
Gestalten Sie es selber, wie Sie es für richtig halten.

Luftfeuchtigkeit:

Die Luftfeuchtigkeit von 50 - 70% wird durch Pflanzen, tägliches Sprühen und eventuell einem Wasserfall oder Teich erreicht.
Das Sprühen ist sehr wichtig, weil die Tiere mit den Tropfen ihren Wasserhaushalt decken und die Tropfen auflecken.
Von Zeit zu Zeit kann man dem Wasser Multivitaminpräparate beimischen oder man gibt das Präparat durch das Bestäuben der Futtertiere ab.
Achten Sie darauf, wo die Anolis carolinensis sitzen.

(Bild: Anolis c.carolinensis)

Anolis carolinensis

Temperaturen:

Die Temperaturen sollten tagsüber 26 - 30°C betragen, wobei sie an Sonnenplätzen bis zu 36°C betragen sollte.
Am besten ist es, wenn man verschiedenen Temperaturbereiche im Terrarium schafft, so können sich die Tiere ihre bevorzugte Temperatur aussuchen.
Nachts, wenn die Lampen aus sind, sollte die Temperatur auf 17 - 22°C abfallen.
Während der Winterruhe liegt die Tagestemperatur bei 18 - 22°C und die Nachttemperatur bei 12 - 18°C.
Eingeleitet wird die Winterruhe indem man langsam die Futtergabe, Temperatur und Beleuchtungsdauer reduziert, bis die Beleuchtung nur noch 8 Stunden am Tag an ist.
Die Spots können während der Winterruhe sofern es nicht zu kalt wird ganz aus lassen.
Es ist wichtig zu Beobachten, dass die Tiere während der Winterruhe nicht zu sehr abmagern.
Sollte dies der Fall sein, muss sie sofort abgebrochen werden.
Ich führe bei meinen Tieren nur eine Winterruhe durch, wenn sie wohl genährt und gesund sind.
Bei Jungtieren, die die Geschlechtsreife noch nicht erreicht haben, verzichte ich auf eine Winterruhe. Beendet wird die Winterruhe, indem ich langsam die Beleuchtung und damit auch die Temperatur wieder hochfahre, bis die Anolis wieder ihre 13 Stunden Licht am Tag haben. (Bild: Anolis r.zebrilus)

Ernährung:

Die Anolis carolinensis sind sehr gute Jäger, daher können Sie die Futtertiere nur in das Terrarium geben.
Am besten gegen Mittag.
Die Tiere sind nicht heikel, ernähren sich ausschließlich **karnivor** (fleischfressend).
Natürlich sollten die Futtertiere nicht zu groß sein, da die Anolis carolinensis ja nicht daran ersticken dürfen.

Anolis carolinensis

Eine Faustregel besagt, die ganze Körperlänge der Futtertiere, sollte die Kopfbreite der Anolis carolinensis (Tiere) nicht überschreiten.
Besonders gut eignen sich kleine Grillen, kleine Heimchen oder kleine Insekten.
Drosophila, Mikroheimchen sind gut für die Jungtiere und Nachzuchten.
Auch Wachsmottenlarven und kleine Mehlwürmer darf man ihnen ab und an zufüttern, wobei natürlich darauf geachtet werden muss, dass die Anolis carolinensis nicht verfetten.
Das passiert gerne bei den Weibchen, das sind kleine Nimmersatte.
Weibchen benötigen außerdem verstärkt ein Kalziumzusatzpräparat, das den Knochenbau fördert.

Da Sie häufig Eier legen, stellt man neben der Bestäubung der Futtertiere, zum Beispiel eine Schale mit zerriebener Sepiaschale im Terrarium bereit, so können die Kleinen ihren Bedarf selber noch abdecken.

Sepiaschale lässt sich leicht zerkleinern, indem man mit Hilfe eines Esslöffels an der Sepiaschale kratzt.
Sepiaschale kommt so in der gewünschten Pulverform in einer Schale in das Terrarium.

Auch ein Vitaminpräparat mit Vitamin D3 darf jede Woche einmal nicht vergessen werden.
Mit Magnesium oder Sepiaschale sollte man die Futtertiere jede Fütterung bestäuben.
Gerade die Wahl des richtigen Futters trägt entscheidend zum Wohlbefinden der Anolis carolinensis bei.

(Bild: Anolis wattsim)

Achten Sie auf eine ausgewogene Ernährung und eine ausreichende Versorgung mit Vitaminen und Mineralien.
Bestäuben Sie Futtertiere immer regelmäßig auch mit verschiedenen Vitaminpräparaten.

Anolis carolinensis

Einige Futtertiere haben einen hohen Fettanteil, welches zur Verfettung der Anolis carolinensis führen kann, wenn man immer nur die gleiche Sorte anbietet.
Reichen Sie daher Futtertiere wie Mehlwürmer und Wachsmaden nur einmal im Monat.
Die Fütterung erfolgt bei mir jeden 2. Tag mit etwa 3 bis 4 Futtertieren (Grillen, Heimchen) pro Anolis carolinensis.
Wichtig bei den Jungtieren ist, das Füttern jeden Tag und mit der Pipette über einen Zeitraum von dem ersten Monat zu tränken.
Während dieser Zeit auch schon eine kleine Schale mit Wasser im Aufzucht Becken bereitstellen, achten Sie darauf, dass die kleinen Anolis carolinensis nicht ertrinken können.

Die ersten paar Fütterungen der kleinen gut kontrollieren, sie müssten eigentlich von Anfang an selbständig fressen.
Wenn die Anolis carolinensis am zweiten Tag (nach dem Schlupf) keine Micro Heimchen angenommen haben.
Nehmen Sie die Micro Heimchen mit einer Pinzette und versuchen Sie, dass der kleine Anolis carolinensis diese so annimmt.
Lasen Sie sich Zeit und schauen Sie, dass die kleinen durch nichts abgelenkt werden kann.
Eine Ablenkung kann auch eine kleine Grille sein, die noch im Terrarium umhergeht.
Manchmal gibt es Jungtiere, die Angst haben vor den Futtertieren.
Darum geben Sie täglich nicht mehr als 2 Stück in das Terrarium.

(Bild: Anolis roquet summus)

Die gute Beobachtung ist schön und wichtig und die regelmäßige Kontrolle der Gewichtszunahme der Tiere unerlässlich.
Eine wöchentliche Kontrolle mit einer kleinen Waage (Briefmarkenwaage) macht Sinn.
Damit Sie kontrollieren können, ob die Anolis carolinensis auch Gesund sind.

Körpergewicht der Anolis carolinensis.

Adultes Weibchen: Normalbereich ist von 7.20 g bis 12.10 g im trächtigen Zustand.
Adultes Männchen: Normalbereich ist von 8.75 g bis 15.22 g.

Anolis carolinensis

Die Gewichtszunahme der jungen Anolis carolinensis ist etwa in 15 bis 30 Tagen um die 0.5 g bis 0.8 g normal.

Eiablage und Trächtigkeit:

Die Anolis carolinensis sind ovipar (eierlegend).
Nach der Winterruhe kann man relativ schnell beobachten, wie das Männchen sich dem Weibchen mit aufgespreizter Kehlfahne und unter heftigem Kopfnicken nähert.
Das Weibchen antworte mit Kopfnicken zurück, dass sie bereit ist.
Das Männchen beißt das Weibchen in den Nacken und es kommt zum Paarungsakt, welcher bereits nach wenigen Minuten wieder beendet ist.
Das Weibchen benötigt jetzt zur Produktion der Eier eine erhöhte Menge an Calcium (geriebenes Sepia o.ä.).
Außerdem braucht sie Wärme, Ruhe und gutes Futter.
Anolis carolinensis sind auch so genannte Spermathek, die Weibchen haben eine Samentasche zur Aufbewahrung von Sperma der Männchen.
Eine einzelne erfolgreiche Verpaarung kann für eine ganze Paarungsperiode ausreichen, um befruchtete Eier heranzubilden.
Für uns Pfleger ist es wichtig zu wissen, dass eine einzige Paarung bis in die nächste Paarungsperiode ausreichen könnte, um befruchtete Eier zu produzieren.
Die 1 - 2 gelegten Eier (meine Erfahrung ist, dass die Weibchen immer nur ein Ei legen) schlüpfen die Jungtiere je nach Temperatur nach 40 - 60 Tagen im Inkubator (Brutstation).
Die Jungtiere sehen schon ganz genau so aus wie die adulten (erwachsenen) Tiere.
Die Anolis carolinensis können ein Alter von 4 bis 10 Jahren erreichen, je nach Haltung und Stresspotenzial der Tiere.

(Bild: Anolis dolfodulce)

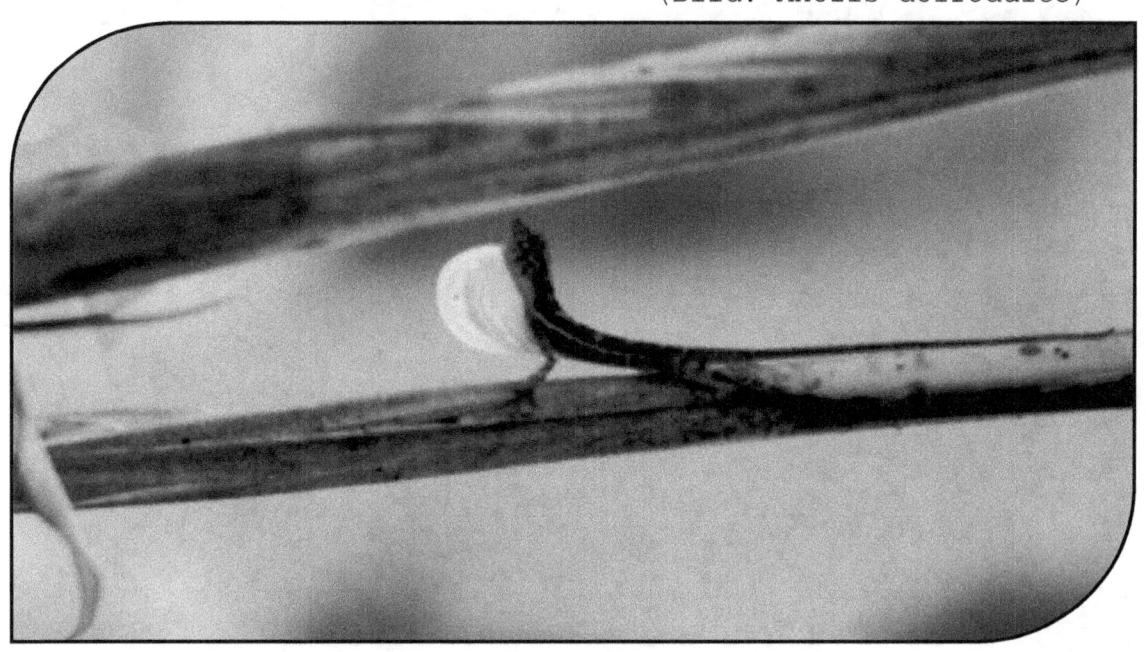

Anolis carolinensis

Inkubation der Eier:

Um die gelegten Eier zum Erfolgreichem Schlupf zu bringen, muss man sich mit den nötigen Brutbedingungen auseinandersetzen.
Die Eier brauchen zur erfolgreichen Entwicklung eine bestimmte Temperatur.
Weiter sind die Umgebungsfeuchtigkeit und die Luft zum Gasaustausch sehr wichtig.
Am besten gelingt die Inkubation (Ausbrütung) bei einer Temperatur von 25-30C°, wobei die Inkubationszeit zwischen 60 jedoch max. 70 Tagen liegt.
Häufige Temperaturschwankungen (Nachtabsenkung) auf Raumtemperatur stellt meist kein großes Problem dar, verlängert jedoch die Inkubationszeit.
Um all diese Bedingungen zu erreichen, kaufen Sie sich einen Inkubator oder machen Sie diesen selber.
Wichtig: die Eier dürfen beim Herausnehmen nicht gedreht oder geschüttelt werden.
Legen Sie sie genauso vorsichtig in das Substrat, wie Sie die Eier im Terrarium vor gefunden haben.
Als Substrat eignet sich gut Vermiculite.
Füllen Sie das Vermiculite in ein Heimchendöschen und befeuchten dieses leicht.
Das Vermiculite darf nicht tropfen, zum Test nehmen Sie ein wenig Vermiculite zwischen die Finger und pressen Sie kräftig zusammen.
Es darf sich nur schwach feucht anfühlen und nicht tropfen.
Sollte es tropfen, nehmen Sie ein wenig zu nasses Vermiculite raus und ersetzen Sie dieses durch trockenes Vermiculite.
Mischen Sie beides noch mal gut durch.(Bild:Anolis pseudopachypus)

Anolis carolinensis

Eigene Nachzuchten zu haben, und zu sehen wie die Entwicklung vom Ei zum Echsen geht, macht viel Spaß.
Bedenken Sie einfach noch ein paar Sachen.
Wer ein Männchen mit vier Weibchen verpaart, muss mit bis zu 48 Jungtieren im Jahr rechnen.
Diese müssen alle einzeln aufgezogen werden, und die Weitergabe der Echsen in gute Hände wird schnell zur Herausforderung.
Es gibt viele private und gute professionelle Züchter auf dem Markt.
Überlegen Sie sich gut, ob es gut ist, immer alle Eier zu inkubieren.
Während des Inkubierens der Eier kann es auch zu Komplikationen kommen.
Wenn die Eier im zu trockenen Substrat liegen, können diese einfallen.
Wenn man das Substrat nachfeuchten muss, darf auf keinen Fall Wasser direkt an die Eier kommen.
Sich normal entwickelnde Eier sind weiß, können sich jedoch durch unterschiedliche Eiablage- oder Brutsubstrat leicht verfärben.
Bei schnellen Verfärbungen der Eier, oder pelzigen / schimmligen Belag auf den Eier, diese sofort entfernen, diese sind nicht mehr zu retten.
Entfernen Sie auch ein (Esslöffel großes) Stück Substrat, damit kein Übergreifen des Pilzes auf die anderen Eier im gleichen Heimchendöschen passiert. (Bild: Anolis gruuo)

Inkubator leicht selbst gemacht:
Besorgen Sie sich eine Styroporkiste (mit Deckel) im Zoofachgeschäft, diese werden meistens zum Transport der Zierfische gebraucht und häufig gratis abgegeben.
Jetzt testen Sie diese auf die Undurchlässigkeit des Wassers.

Anolis carolinensis

Stellen Sie die Box in die Badewanne füllen sie sie mit ca.
10 cm Wasser.
Nach 2 Stunden prüfen Sie die Box auf der Außenseite.
Sollte alles In Ordnung sein, leeren Sie das Wasser wieder aus
und suchen Sie einen Platz für Ihren Inkubator (Kiste).
Es muss einem Platz sein, wo Sie die Kiste Minimum 2 Monate
stehen bleiben kann, ohne das diese bewegt oder verschoben
werden muss.
N.B. Achten Sie darauf, dass Sie täglich ohne großen Aufwand in
den Inkubator schauen können.
Jetzt füllen Sie wieder Wasser ein und legen einen Heizstab mit
der entsprechend eingestellter Temperatur in das Wasser.
Nun müssen Sie noch ein Tablar in den Inkubator stellen.
In der Regel haben diese Transport Kisten innenseitig schon
einen Vorsprung, wo das Tablar darauf gestellt werden kann.
Sollte das nicht de Fall sein, nehmen Sie 2 Bachsteine, stellen
einen rechts und einen links in das Wasser und legen das Tablar
darauf.
Das Tablar darf das Wasser nicht berühren.
Um das Kabel vom Heizstab aus der Kiste zu bringen schneiden sie
eine kleine Einkerbung oben in eine Ecke und legen das Kabel
dort rein.   (Bild: Querschnitt des Inkubators.)

Auf keinen Fall Löcher in die Kiste bohren, diese wäre nicht
mehr dicht.
Der Inkubator sollte schon im Betrieb sein, auch wenn Sie noch
keine Eier im Terrarium gesichtet haben, und schon mal auf seine
Temperatur getestet sein, bei 26C° ist es optimal für
Anolis carolinensis auszubrüten.
Manchmal muss der Heizstab je nach Modell auf mehr oder weniger
als 26C° eingestellt werden.
Testen Sie die Temperatur unbedingt, indem Sie ein Thermometer
auf das Tablar legen, die Box schließen mit dem Deckel und
Minimum 8 Stunden geschlossen lassen.
Haben Sie nun Eier im Terrarium gesichtet?

Anolis carolinensis

Nehmen Sie die Eier erst nach der Vorbereitung des Heimchendöschen mit Substrat heraus.
Das Heimchendöschen wird mit leicht Befeuchtetem 1 cm bis 2 cm hohen Substrat befüllt.
WICHTIG: Eier nicht drehen oder wenden, je nachdem wo ihre Anolis carolinensis die Eier gelegt haben ist es schwierig diese zu bergen ohne Sie zu verdrücken.
Gegen Ende der Inkubationszeit werden Sie des öfteren nachschauen gehen.
Achten Sie jedoch darauf, dass die Temperatur nicht zu stark sinkt.
Kurz vor dem Schlupf kommt es hin und wieder vor, dass aus dem Ei kleine Flüssigkeits- Perlen kommen.
Das nennt man „Schwitzen" der Eier.
Ab diesem Zeitpunkt sollte man die Anolis carolinensis nicht mehr stören, jegliche Versuche den Schlupf zu beschleunigen oder dem Anolis carolinensis zu helfen, wird meistens tödlich enden.
Der Schlupf kann sehr schnell gehen oder über 6 Stunden, dass weiß man nie im voraus.
Nach dem Schlupf häuten sich die Echsen zum ersten Mal.
Man sollte die Anolis carolinensis erst aus dem Inkubator nehmen, wenn diese den Dottersack am Bauch ganz eingezogen haben und im Heimchendöschen herum gehen.
Nehmen Sie mit Hilfe eines Esslöffels den kleinen aus dem Inkubator.
Versuchen Sie nicht, die kleinen frisch geschlüpften mit der Hand heraus zu nehmen, Sie würden Sie verletzen.
Auch für gekaufte Inkubatoren gilt die gleiche Temperatur von 25-30C°.   (Bild: Schlupf eines Anolis)

Anolis carolinensis

Aufzucht der Jungen:

WICHTIG:
Die Jungtiere sollten einzeln aufgezogen werden, dafür reicht eine normale Haushaltsdose am Anfang völlig aus.
Nehmen Sie eine dose und legen Sie ein Küchenkrepp leicht befeuchtet rein, mit einer grün Pflanze.
Geben Sie den kleinen Anolis carolinensis auf dem Löffel nun in das Döschen.
Die Aufzucht von Jungtieren gestaltet sich meistens unproblematisch und somit kann man sich ruhig an die Aufzucht von Jungtieren herantrauen.
Die Jungtiere sollten, bis sie jährig sind, ständig in größere Behälter umziehen dürfen.
Vom Schlupftag an bis zum alter von 4 Monate in einer Dose von ca. 20 x 20 x 35 cm (LxBxH).
Ab dem 5. Monat bis zum 12. Monat in einer Box von 40 x 40 x 60 (LxBxH).
Zum einen ist die Futterannahme und Kontrolle gesichert und zum andern passiert den Schützlichen nichts durch Adulte oder Geschwistertiere.
Nach einem Jahr kann man die Kleinen, wo man nun auch das Geschlecht bestimmen kann, zu blutsfremden Artgenossen lassen oder Verkaufen.

(Bild Anolis grahami)

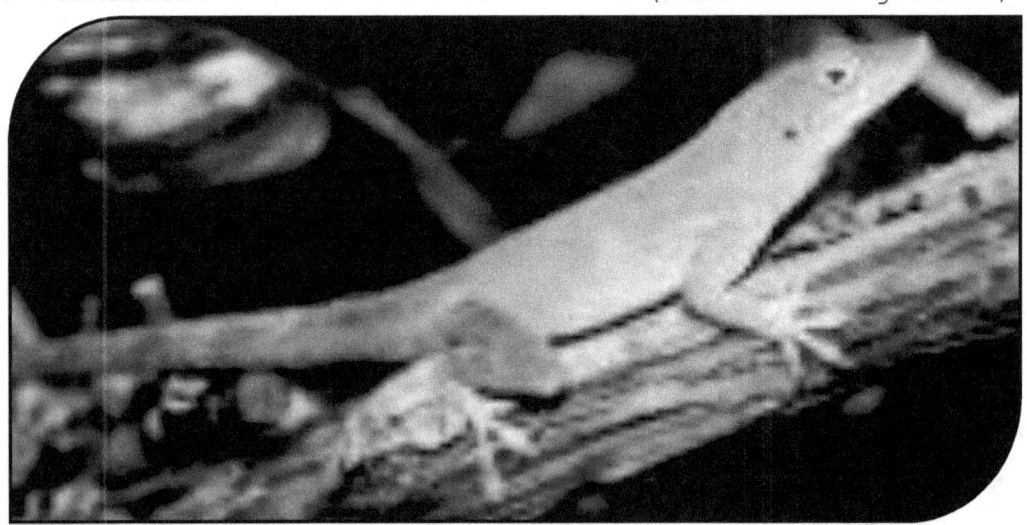

Hygiene:

Ein sehr wichtiger Punkt in Sachen Vorbeugen der Krankheiten allgemein ist die Hygiene im und um das Terrarium.
Sie ist ein ungemein hoher Faktor, der leider viel zu oft vernachlässigt wird.
Das heißt, dass der Kot am besten sofort und mindestens einmal täglich entfernt werden muss.
Keine Futterreste dürfen im Terrarium herum liegen.
Der Wassernapf sollte nicht nur gefüllt, sondern auch gereinigt und öfters ausgewaschen werden.

Anolis carolinensis

Der Bodengrund ist zwei Mal jährlich komplett auszuwechseln, Kotverschmutzte Einrichtungsgegenstände sollte man
ganz austauschen oder nach Möglichkeit zumindest stark erhitzen oder in einer Pfanne auskochen.
Auch hier wird einem mal wieder vor die Augen geführt, dass jedes Tier, das man sich anschafft, ein hohes Maß an Verantwortung an den Pfleger stellt.
Kaufen Sie überlegt und nicht einfach mal so ein Tier.
Alle diese Viren und Würmer und Parasiten gehören automatisch zu der Haltung der Tiere dazu, wenn man die Hygiene vernachlässigt.

Krankheiten:

Information zu den Viren:
In den letzten beiden Jahrzehnten wurden den Virusinfektionen der Reptilien mehr Aufmerksamkeit gewidmet als in der Vergangenheit und das ist positiv.
Zunehmend wird die Bedeutung dieser Infektionserreger auch bei Reptilien erkannt.
Durch verbesserte Nachweisverfahren mit spezifischen Reptilienzellkulturen und vermehrt auch mit Hilfe Molekularbiologischer Methoden lassen sich mittlerweile eine Reihe von Reptilienpathogenen Viren routinemässig nachweisen.
Hier werden nur einzelne Virusfamilien genannt und nicht genauer beschrieben, deren Vertreter bei Reptilien Krankheitserscheinungen hervorrufen können.
Das würde den Rahmen sprengen und ich möchte nur kurz darauf eingehen, da immer viel über die Kotprobe gesprochen wird und die Abklärungen der Viren vernachlässigt werden.
Einzelne Nachweise von Viren oder Antikörpern bei Reptilien gelangen bereits in den sechziger und siebziger Jahren bei verschiedenen Arboviren wie den Togaviridae, Flaviviridae und Bunyaviridae.
Auch Rhabdo- und Caliciviridae, Picornaviridae, Parvoviridae, Pox- und Papovaviridae konnten bereits bei Reptilien Nachgewiesen werden.
Pox- und Papovaviren wurden bei Hautveränderungen bei Echsen, Papovaviren auch bei Wasserschildkröten gefunden.
Die anderen Virusfamilien zeigten keine oder wenig pathogene Veränderungen bei Reptilien und sollten von daher eher als Zufallsbefunde angesehen werden.
In neuerer Zeit werden Reptilien auch im Zusammenhang mit der sich ausbreitenden West-Nil-Virusepidemie in den Vereinigten Staaten als mögliche Virusträger überprüft.
Dazu wurden experimentelle Infektionen bei verschiedenen Reptilien und Amphibien durchgeführt, die zum Virusnachweis im Blut und in geringem Masse auch in den Organen von maximal 25% der infizierten Reptilien führten (Klenk und Kolmar, 2003).
West-Nil-Virusinfektionen wurden auch im Zusammenhang mit Mehreren Hundert Todesfällen in verschiedenen
Alligator-Zuchtfarmen in den USA nachgewiesen

(Miller et al., 2003, Jacobson et al.2003).
Die Infektion wurde hier auf die Verfütterung von infiziertem Pferdefleisch zurückgeführt.
Interessant vom epidemiologischen Blickwinkel her ist die Tatsache, dass bis jetzt bei Reptilien noch keine Influenzaviren entdeckt wurden.
Denken Sie immer auch daran, dass eine Abklärung für Viren bei Ihren Tieren Vorteile beinhalten.

Parasiten:

Parasiten allgemein sind ein häufiges Problem in der Terraristik, das bei Späterkennung nicht selten mit dem Tode endet.
Auch ich kaufte schon Tiere, die mit Parasiten verseucht waren. Aber das ist eine andere Geschichte.
Die Erscheinungsform dieser Parasiten reichen von nicht sehbaren Einzellern bis hin zu z.B. Milben, die man mit dem bloßen Auge deutlich erkennen kann.
Die Krankheitsbilder sind übel riechender Durchfall, keine Nahrungsaufnahme, eingefallene Augen, rascher Masseverlust, verminderte Aktivität.
Jedes nicht normale Verhalten Ihres Tieres sollte bei Ihnen sofort die Alarmglocken läuten lassen.
Die in der Terraristik auftretenden Parasiten können vereinfacht in zwei Gruppen unterteilt werden.
Die äußerlichen nennt man Ektoparasiten, die inneren Endoparasiten.
Ektoparasiten stammen meist aus dem riesigen Verwandtschaftskreis der Arthropoden (Gliedfüsser).
Bei Reptilien verursachen sie nur in sehr seltenen Fällen ernsthafte Erkrankungen, es können jedoch Anzeichen für schlechte Haltung sein.
Von den Ektoparasiten sorgen Milbenarten am häufigsten für Probleme, seltener in der Terraristik bekannte Plagegeister sind Mückenlarven, Blutegel, Zecken und Mücken.
Endoparasiten dagegen sind immer Auslöser für schwerere Krankheiten und treten in den unterschiedlichsten Formen auf.
Sie können sich sehr schnell auf andere Tiere im Terrarium übertragen.
Endoparasiten kann man auch wieder in zwei Kategorien unterscheiden nämlich in Einzeller und Würmer.
Die medizinisch wichtigen Einzeller sind im Blut oder im Verdauungstrakt zu finden.
Etliche Arten können auch andere Organe beschädigen bzw. befallen.
Würmer können gewöhnlich in der Lunge, im Verdauungssystem, der Leber und der Niere, also fast in jedem inneren Organ nachgewiesen werden.
Probleme bei Würmern sind deren verschiedenartige Lebenszyklen.
Viele von Ihnen haben einen so genannten direkten Lebenszyklus.
Das heißt, dass sie vom Wirt direkt übertragen werden.

Anolis carolinensis

Entweder indem das zukünftige Wirtstier Eier oder auch Larven aufnimmt, oder ein Wurm selbst zum neuen Wirt kommt.
Diese Arten von Würmern kommen seltener vor, lösen aber dafür die schwersten Krankheiten aus.
Andere Würmer wie z.B. Bandwürmer oder Saugwürmer haben hingegen einen indirekten Lebenszyklus.
Das heißt, sie haben einen oder mehrere Zwischenwirte, in denen sie bestimmte Entwicklungszyklen durchlaufen.
Zum fertigen Wurm entwickeln sie sich aber erst, wenn der Zwischenwirt von dem Endwirt gefressen wird.
Bei allen folgenden Artikeln muss auf jeden Fall ein Reptilen kundiger Tierarzt zu Rate gezogen werden.

Würmer:

Wichtig zu wissen:
Einige der Wurmarten sind auch auf den Mensch übertragbar.
Somit ist größte Sorgfalt auf Hygiene geboten!

Auch Wurmeier kann man bei vielen Kotuntersuchungen nachweisen.
Würmer schädigen das Wirtstier durch Nahrungsentzug, durch Beschädigung der Darmwand und der anderen inneren Organe.
Außerdem können sie bei Massenerscheinung zu Verstopfungen führen.
Bei einem eventuellen Befall muss die ganze Einrichtung herausgenommen werden und am besten alles weggeworfen werden.
Es ist auch ein Muss, das Terrarium für die Zeit der Behandlung als Quarantänebecken einzurichten.
Bei dieser Krankheit müssen auch wieder alle Tiere behandelt werden, die sich infiziert haben könnten.
Es ist sehr ratsam, sechs Wochen nach der letzten Behandlung eine Nachuntersuchung machen zu lassen!
Krankheitsanzeichen bei Wurmbefall kann sein ein rapider Masseverlust, geringe Aktivität, Geschwächtheit, eingefallene Augen, Erbrechen sein.

Bandwürmer:

Bandwürmer schädigen Ihren Wirt nicht nur durch den Nahrungsentzug, sondern überwiegend durch ihre Saugnäpfe, Haken und Dornen, die vor allem bei Massenbefall an der Darmwand Entzündungen herbeiführen.
Häufig kann man im Kot befallener Tiere ganze Bandwurmglieder finden.
Krankheitszeichen sind rapider Masseverlust, geringe Aktivität, Geschwächtheit, eingefallene Augen und Erbrechen.
Mögliche Behandlungen sind mit Mansolin, oder Droncit.
Beide Präparate werden mit Wasser aufgeweicht und oral verabreicht.
Bei einem richtig akuten Fall sollte nach zwei Wochen die Behandlung wiederholt werden.

Anolis carolinensis

Eine Nachuntersuchung ist unumgänglich!

Spulwürmer (Ascaridean) und **Fadenwürmer** (Nematodean):

Diese Würmer kommen sehr häufig vor und können oft im Kot nachgewiesen werden.
Wie bei allen Würmern muss bei einem eventuellen Befall die ganze Einrichtung herausgenommen werden und am besten alles weggeworfen werden.
Es ist auch ein Muss, das Terrarium für die Zeit der Behandlung als Quarantänebecken einzurichten.
Bei dieser Krankheit müssen auch wieder alle Tiere behandelt werden, die sich infiziert haben könnten.
Krankheitszeichen sind rapider Masseverlust, geringe Aktivität, Geschwächtheit, eingefallene Augen und Erbrechen.
Mögliche Behandlungen sind mit Panacur, zwei Mal im Abstand von zwei Wochen zu verabreichen.
Vorsicht ist geboten vor Überdosis, wenn man das Präparat selbst Verabreicht.

Madenwürmer (Oxyirdean):

Sind viel widerstandsfähiger als Spul- oder Fadenwürmer.
Wie bei allen Würmern: bei einem eventuellen Befall muss die ganze Einrichtung herausgenommen werden und am besten alles weggeworfen werden.
Es ist auch ein Muss, das Terrarium für die Zeit der Behandlung als Quarantänebecken einzurichten.
Bei dieser Krankheit müssen auch wieder alle Tiere behandelt werden, die sich infiziert haben könnten.
Sechs Wochen nach der letzten Behandlung muss eine Nachuntersuchung gemacht werden.
Krankheitsanzeichen sind rapider Masseverlust, geringe Aktivität, Geschwächtheit, eingefallene Augen und Erbrechen.
Eine eventuelle Behandlung mit Molevac.
Die Behandlung muss mindestens zwei Mal im Abstand von zwei Wochen wiederholt werden.

Rachitis:

Rachitis entsteht durch unzulängliche Kalkeinlagerungen im Knochenbau durch mangelndes Calcium oder Vitamin D Mangel.
Eine zu geringe UV Bestrahlung, beschleunigtes Wachstum durch zu hohe Temperaturen und durch ständiges gleiches fetthaltiges Futterangebot ohne eine ausgleichende Fläche (Bewegung).
Muskelkontraktionsstörung und individuelle Störungen.
Krankheitszeichen dafür sind Verkümmerung der Wirbelsäule, der Gliedmassen des Schwanzes sowie Deformation des Kiefers.
Tritt vor allem in der Wachstumsphase auf.
Mögliche Behandlung dafür sind ein Multivitaminpräparat im Wechsel mit Biocalan, intensive und gezielte UV Bestrahlung.

Anolis carolinensis

Außerdem sollte eine erhöhte Calcium Beigabe (Neocalglucon) verabreicht werden.

Hautnekrosen:

Die Krankheit wird meistens durch Stoffwechselstörungen herbeigeführt.
Aber auch unzureichende UV Bestrahlung kann zu Nekrosen führen.
Krankheitsbild sind Abszesse (Eiterherde) in der Haut.
Die Behandlung muss sofort beim Tierarzt gemacht werden.
Der wird die Abszesse aufspalten und mit einer Lösung die Eiterherde behandeln.
Zusätzlich muss Antibiotika verabreicht werden.
Und hier gilt auch wieder: wenn es nach max. 10 Tagen nicht besser wird, muss man das Antibiotikum wechseln.

Hautmykosen:

Hautmykosen werden durch unzureichend temperierte Terrarien mit falschen Klimaverhältnissen begünstigt bzw. hervorgerufen.
Krankheitsanzeichen können sein unterschiedlich großflächige Hautveränderung ohne Eiterbildung sein.
Die Behandlung ist schwierig, da der Pilz bei den ersten Anzeichen bereits tief im Gewebe der Tiere sitzt.
Außerdem gibt es unterschiedliche Mykosen, die auch Unterschielich behandelt werden müssen, aber oft die gleichen Erscheinungsbilder haben.
Es kann sich also als schwierig erweisen, gleich das richtige Präparat von Anfang an zu finden.
Medikamente wie Myko-jellin, Travogen, Asterol und Daktar werden bei Reptilien erfolgreich gegen den Pilzbefall eingesetzt.

(Bild: Anolis carolinensis Jungtier)

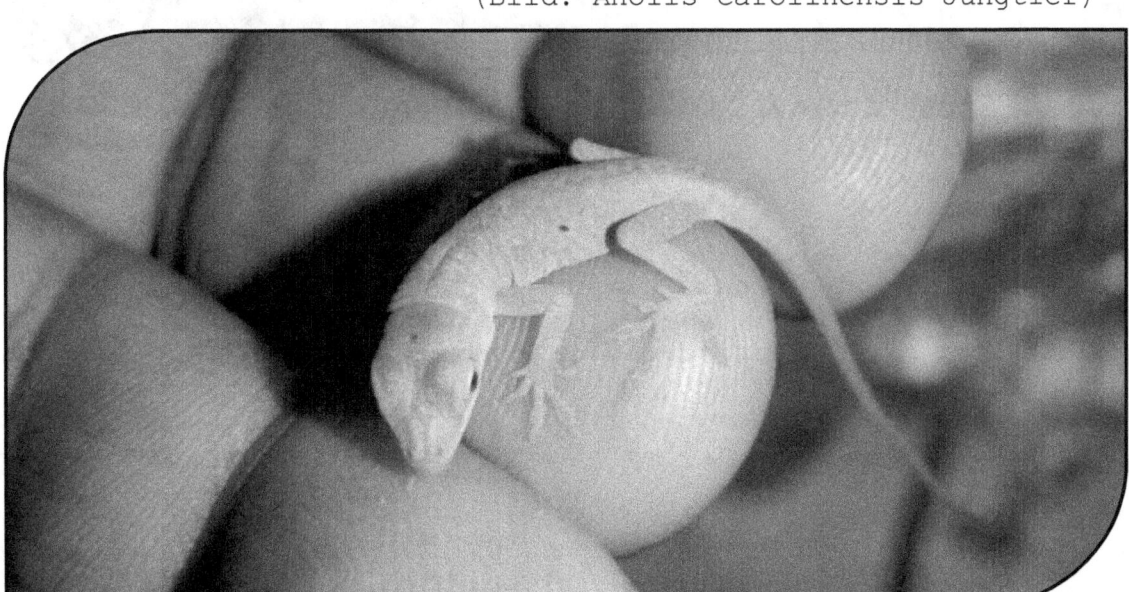

Anolis carolinensis

Hemipenis Vorfall:

Hemipenis Vorfall ist, wenn das Tier seinen Penis nicht mehr von alleine zurückmassieren oder ziehen kann.
Es bleibt dem Pfleger nur noch der Weg zum Tierarzt, um zu amputieren.
Zum Glück ist dies eine recht seltene Erscheinung bei Anolis carolinensis, deren Ursache kaum feststellbar ist.
Krankheitsanzeichen sind: Hemipenis kann nicht mehr zurückgezogen werden.
Die mögliche Behandlung ist, dass der Vorgestülpte Teil des Hemipenis in seltenen Fällen vom Tierarzt zurück massiert werden kann.
Ist ähnlich wie bei einem Darmvorfall.
Doch meistens sind die herausschauenden Teile so angeschwollen, dass sie nicht mehr in die Hemipenistaschen passen.
Der Tierarzt kann versuchen, durch kühlende Salben ein Abklingen der Schwellungen herbeizuführen. Gelingt das nicht, muss amputiert werden.   (Bild: Schädel Anolis carolinensis)

Kokzidien:

Kokzidien gehören zu den Protozoen tierische Einzeller.
Diese Endoparasiten können fast bei allen Reptilienarten auftreten, sie sind leicht übertragbar und stellen wirklich ein Gesundheitsrisiko dar.
Krankheitsanzeichen sind rapider Masseverlust und blutdurchzogener dünner Kot.
Für die Behandlung macht man zuerst eine Kotanalyse, danach wird der Tierarzt ein Medikament verabreichen, möglicherweise Metronidazol.
Bei dieser Krankheit sollte man vier Nachuntersuchungen im Abstand von drei Monaten machen, da die Parasiten nicht immer nachzuweisen sind, je nach Entwicklungszyklus.

Anolis carolinensis

Flagellata: (Geisseltierchen)

Flagellaten treten bei Reptilien relativ häufig auf.
Es ist unumstritten, dass sie schwere Krankheiten auslösen können.
Vor allem die rundlichen Trichomonas Arten führen zu schweren Krankheiten.
Krankheitsanzeichen können sein ein rapider Masseverlust, wässriger Kot und Erbrechen.
Bei dieser Krankheit wird oft weiterhin gefressen.
Mögliche Behandlung ist mit Metronidazol.
In der Regel wird es zwei Mal im Abstand von zwei Wochen oral verabreicht.
Jedoch muss ein Tierarzt die Menge ausrechnen und abgeben.

Anolis carolinensis

Gesetzliche Bestimmungen:

Die Tiere bestehen unter keinem besonderen Schutz und können somit problemlos gekauft werden.
Also muss man sich nur noch an die üblichen Tierschutzbestimmungen halten:

In der Schweiz sind sie nicht meldepflichtig.
In Deutschland sind sie nicht meldepflichtig.
In Österreich sind sie natürlich wie alle anderen Reptilien Meldepflichtig.

(Bild: Kampf zweier Männchen)

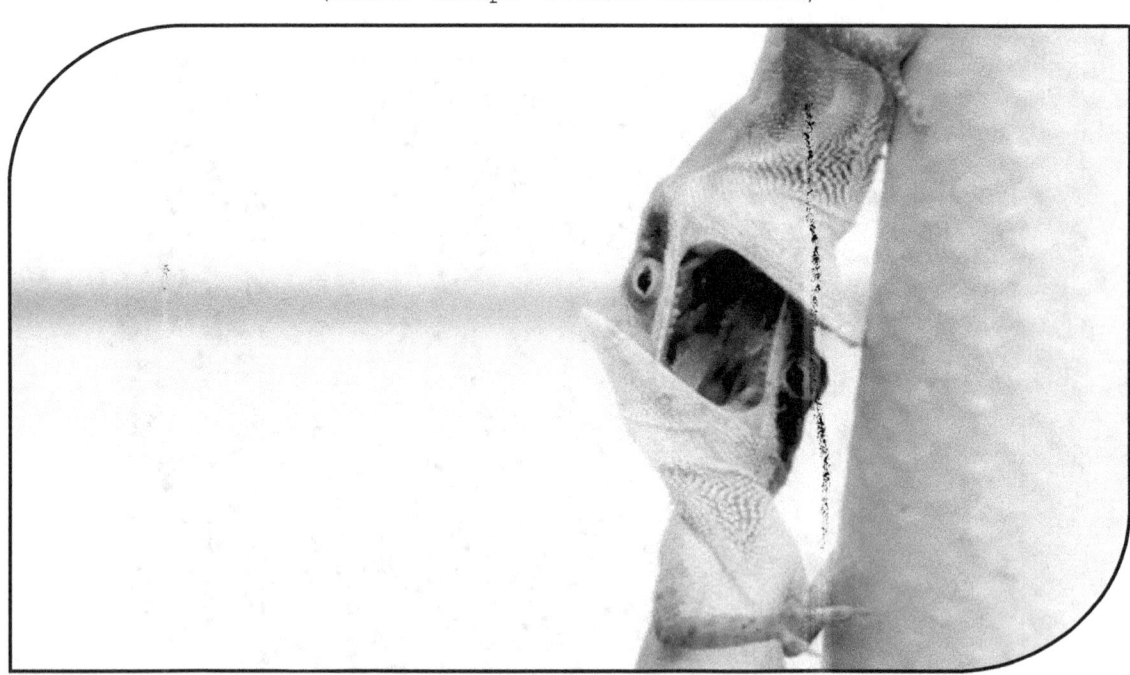

www.ingramcontent.com/pod-product-compliance
Lightning Source LLC
Chambersburg PA
CBHW062157220526
45470CB00009B/2848